以現代技術傳承傳統四川料理

井桁良樹

中國菜　老四川　飄香

Modern Interpretations of Sichuan Traditional cuisine

瑞昇文化

「天府之國」所孕育出的多采多姿四川料理

位於中國西南部內陸的四川地方，被群山包圍、有著廣大而肥沃的土地，從過往即被稱為「天府之國」，也就是「上天賜予的國家」，因其土地有著豐富的天然資源聞名。和日本一樣四季分明，市場上經常會隨著季節變化出現各式各樣的食材。

另外，四川省也有許多世界性自然遺產以及文化遺產。「三國志」在日本也非常受歡迎，而此地正是歷史上的蜀國舞台，當時的蜀國即以目前四川省首府成都為首都，在三國時代以後也仍是中國王朝中重要的都市，歷經一番繁榮。另外也鄰近居住了許多少數民族的雲南省、貴州省、西藏自治區等，因此在料理上也多受周邊少數民族及外國的影響。

由於有上述的歷史及地理背景，自古以來四川就以成都作為據點，除了中國以外，也聚集了世界上許多人，而他們則帶來了各地的飲食文化及烹調技術。由於有這樣積極納入多樣化飲食文化的歷史，因此四川料理發展成即使在中國料理當中，也被認為是特別多采多姿的一門。

在日本提到四川料理，應該有很多人馬上就想到用了大量辣椒的「大紅色辛辣料理」吧。又或者是想到「麻婆豆腐」為首的「麻辣（令人感受到麻痺感的辣味）」口味呢。的確四川料理當中經常使用辣椒，並且在併用辣椒與花椒的「麻」與「辣」的使用上可說是十分巧妙。但那只不過是多采多姿四川料理當中的一部分而已。除了辣椒及花椒以外，還有幾十種的辛香料，組合搭配之後誕生出令人驚艷的多樣化豐富口味。

說來也許讓人感到意外，其實過往的四川料理並沒有使用辣椒。辣椒的原產地是南美，並非中國，因此是在辣椒傳到中國以後才開始使用的，據說是在明朝末期（17世紀左右）。順帶一提，16世紀的書籍當中提到四川料理的特徵是「口味較重、喜愛使用辛香料」，因此可以判斷四川料理原先就喜愛使用辛香料，但當時的記載當中並沒有辣椒。

四川省由於位在盆地當中，因此濕氣較高，氣候上夏季炎熱、冬季寒涼，因此對於居住在此處的人來說，享用添加了較多辣椒和辛香料的料理，在寒冷時節能夠溫暖身體；而暑熱時分則能夠促進發汗、調節體溫。因此這可說是飲食養生的一環，非常自然地就被納入飲食生活當中。四川省同時也是品質良好的花椒產地，因此在辣椒傳進中國以前，就已經在飲食當中使用花椒，並且同時活用生薑、蒜頭等辛香料蔬菜，使口味能有所變化，同時也是加強食品保存等。四川的氣候風土及人們的飲食生活，想來與使用包含辣椒等辛香料、辛香料蔬菜的香辣口味非常搭調。

而距離海洋遙遠的四川盆地，在運輸業還不發達的時代，要想吃到海產，就只有乾燥的產品。在四川的傳統宴席料理上，會使用海參或者魚翅頭等乾貨，正是由於有此地理背景，這些東西自然被視作貴重的商品。

另外，在烹調四川料理時最不可或缺的食品之一，就是在蔬菜當中添加鹽巴使其進行乳酸發酵的醃漬物「泡菜」。舉例來

說，想要打造出「酸辣（既酸且辣）」口味的時候，雖然在湯中添加醋和胡椒，也是可以作出一定的口味，但如果使用泡菜蔬菜熬煮的高湯、加上辣椒烹煮的高湯，然後再加上一些胡椒與醋，那麼不僅僅在口味上會更有深度，同時蔬菜的甘甜及香氣、乳酸發酵形成的複雜酸味等，也都能融為一體，產生難以言喻的美味。

四川料理中可稱為「靈魂」的則是豆瓣醬，是用鹽及辣椒浸泡蠶豆之後，使其發酵的一種醃漬物。醪糟則是像日本甘酒那樣，也是一種發酵過的調味料，經常用在四川料理當中。這些四川料理當中經常使用的醃漬物或者調味料，有許多我都是自己製作的。另外辛香料這類香料油的材料，有許多在日本並不容易買到，為了能夠打造出道地的口味，本店會每年直接前往四川省好幾次購買這些辛香料。

要簡單表達四川料理的特徵，就是格言中的「一菜一格、百菜百味」。這句話的意思是說「每道料理有各自的品格，而

何謂「老四川」

一百種料理就有一百種風味」。這正表達了四川料理的種類有多麼豐富、而口味又是如何多樣化。

我自己的店家「老四川」也是一個範例，我想以此說明我自己所捕捉到的四川料理系統。大致上可區分為以下三種。

一、經典川菜
二、新派川菜
三、以江湖菜為代表的地方料理

首先第一類「經典川菜」，就是指傳統的四川料理。順帶一提我用來作為店名的「老四川」就是希望能夠表現傳統四川料理那種「古老而美好的四川」而選用的詞句。除了日本人也倍感親切的「麻婆豆腐」或者「回鍋肉」、「宮保雞丁」、「青椒肉絲」等等，這些四川的傳統家庭料理（家常川菜）以外，同時也包含了採用宮廷料理流程的宴會料理為主的料理等，或者使用海參或魚翅等乾貨類，需要耗費功夫及時間的優雅而滋味深遠的料理。

第二類「新派川菜」是在１９９０年前後開始受到矚目，這是指取向為新流派的四川料理。原本四川省就位於內陸、沒有鄰接海洋，但是「新派川菜」卻有許多使用了海鮮等材料的料理，傾向於以傳統菜為基礎重新調配。舉例來說像是「泡椒墨魚（將新鮮的墨魚與辣椒醃漬物快炒）」這類，也有不少令人驚豔的料理。

第三類地方料理，最具代表性的就是「江湖菜」。這是以重慶市為中心流行的一個四川料理派別，當中的「辣子雞（辣炒雞肉）」、「沸騰魚（將魚調味並煮熟後淋上辣油的料理）」等都很有名。特徵是不管是命名還是外觀都非常豪爽而令人驚奇，口味上也非常紮實濃厚，以夠輕鬆享受的平民料理為多。

那麼「老四川」這個「古老而美好的四川」印象，又與單純的「過往的四川料理」有些許的不同。由於是我自己烹煮料理，因此我拿來作為範本的「老四川」印象，具體來說是１９８０年代初期，四川省提供的料理。為何會是１９８０年代，那是由於當時的中國，社會終於開始穩定下來，也是四川料理最為光輝燦爛的開花時期。

現代的四川料理開花結果的契機之一，就是政府將中國全境古今名菜及鄉土料理、家庭料理等整理為一本「中國名菜譜」（１９６５年）發行。由於這本書的出版，四川料理就有了較為客觀的定義，納入了原先就有的料理以及周邊的地方料理等，之後才得以連向１９８０年代四川料理開花結果。

另外當中也提到傳統的四川料理有二十四種調味＊。最有名的就是「麻辣（令人感受到麻痺感的辣味）」，但傳統的四川料理當中有許多是辣椒傳入中國之前就有的，基本上都非常纖細且口味淡薄，其實非常辣的料理並沒有想像中的那麼多。當中也有許多是中國王朝時代就是宮廷流程中會使用的名菜、以及大量的傳統菜，也包含了傳統的樸素家庭料理和鄉土料理。有許多日本還不知道的料理。

除了傳統的宴會料理以外，我認為家庭和那片土地代代相傳製作的料理也非常重要。因此我將這些料理都放進套餐當中，希望能讓大家感受到更深的中國、以及四川；另外也提供單點料理，讓大家能夠輕鬆享用「老四川」等，可以用各種方式來體會傳統四川料理的魅力，並且希望能夠傳達給更多人。

＊四川料理傳統的二十四種調味如下。麻辣、糖醋、芥末、酸辣、椒麻、煙香、怪味、醬香、煳辣、五香、茄汁、蒜泥、紅油、鹹甜、家常、麻醬、魚香、陳皮、甜香、薑汁、荔枝、椒鹽、鹹鹽、香糟。

繼承傳統四川料理並在現代復甦的「老四川」

年輕的時候，最一開始在四川研習的地方，還是年長廚師們大為活躍的飯店廚房。在那裡製作的是所謂老四川風格傳統料理，但另一方面，街道上也開始出現了許多端出新派料理的餐廳，正可說是新舊交替的時期。當時我所研習的廚房，並沒有攪拌機這類方便的烹調機器。如果要做雞絞肉的話，就得要非常有耐心、用菜刀不斷剁肉，連辣椒也得從頭開始用菜刀慢慢剁，不管要做什麼，都是現在無法想像的耗費功夫。

但是，在那樣的環境下，那些深知過往料理口味的廚師們做出來的味道、以及我當時所品嚐到的食物口味，我認為就是我現在做出的口味原點。一邊回想著那古老而美好時代的料理、一邊將它們改造為符合現今時代的東西。我希望能夠重新表現出那些料理。

話雖如此，時代仍然是不斷向前。我依然本持著年輕時的態度，「希望能夠了解正統的四川料理、明白當地的口味」。但即使是源流地四川，現在也被嶄新的料理所推動，逐漸失去了傳統菜。身為外國人

的我這麼說雖然非常奇怪，但我卻抱持著更應該要守住傳統料理的危機感，因此再次前往繼承了傳統四川料理的名店研習。

我選擇的修習場所是位於成都、吸取四川傳統料理歷史源流的『松雲澤』。我前往扣擊「松雲門派」＊繼承者的師傅大門，不斷表示我希望能夠學習四川傳統料理，終於取得對方許可、收我為徒弟。入門儀式非常嚴格，為了要能夠傳承四川料理、同時綳緊神經、與師父建立全新的關係，才得以打造出必須要守護的事物。但是要在日本經營店家，就必須要能補捉到日本人所尋求的四川料理才行。

四川與日本的氣候風土、以及食物材料都不同，因此要如何活用在當地獲得的感動，將傳統四川料理放在日本之後，重現到何等程度是一大挑戰。舉例來說，日本的海產食品非常豐富，而位於內陸的四川只有淡水魚，如果使用一樣的調味方法就會扼殺材料。因此不能夠完全依照對方教我的方法，必須經常臨機應變、思考活用材料的方式才行。

就連在四川省讚揚「老四川」的地方，

都會使用原本傳統四川料理當中並未使用的蠔油。但若是需要在食物中放入牡蠣的美味，那麼我會用乾燥牡蠣來表現。化學調味料也是一樣的情況。我認為從前並沒有這種東西，因此不會使用。我在這方面的堅持，可能比源頭中國還要來得「老四川」，有時候我自己也不禁這樣想。

我現在打算要做的事，也許是逆著時代潮流和流行而上。但我認為好的東西就是好的。舉例來說，從前就會使用海參、魚鰾等，或要將曬乾的東西泡回來，雖然非常耗費工夫，但這些只有中國料理中才有的東西，我認為應該要讓它們維持下去。

另一方面，我也積極的採用新的烹調機器和工具。舉例來說，蒸烤爐就是我現在為了表現出自己思考出的餐點時，不可或缺的烹調機器之一。由於機器具備低溫真空加熱技術，讓我能夠更加發揮出材料原本就有的味道，也就更可能追求高一層的美味。

雖然傳統的四川料理非常棒，但我想１００年、甚至２００年前的料理，要說到現在都還通用，究竟是不太可能。可以變更的地方就會變更、不能變更的地方就不變更。而我的目標是真正在四川做料理的人來吃，也會覺得可以接受的料理。我今後也會繼續追隨「老四川」，並且努力復甦能夠符合現在時代的食物，我想這就是我自己的使命，並且我對於這點感到非常高興。

中國菜 老四川　飄香　井桁良樹

＊「松雲門派」的源頭是１９１２年於成都創業的名店『榮樂園』，該店是在中國全境名滿天下的名店。『榮樂園』建立了四川宴席料理的結構與樣式，也鍛鍊出許多優秀的廚師，被認為建立了現代四川料理的基礎。而由於景仰『榮樂園』偉大繼承人張松雲先生，因此一群人抱著敬慕之心成立了「松雲門派」。目前的「松雲門派」是由『榮樂園』第二代繼承人王開發先生、以及第三代繼承人張元富先生竭盡心力繼承傳統四川料理。而「松雲門派」當中特別著重在四川傳統宴席料理的店家，便是『松雲澤』。

1. 在成都舉行的「松雲門派」入門儀式，和在此聚集的師兄弟一起合影。／2.5. 位於成都北部的五塊市是辛香料種類豐富的市場。／3. 率領「松雲門派」，四川料理名店『榮樂園』第二代繼承人的王開發先生（照片左方）與第三代繼承人張元富先生（照片右方）。井桁廚師（照片中央）手上所拿的是寫著「中國川菜松雲門派技藝繼承人」的「松雲門派」入門證明。／4. 入門儀式的樣子。井桁廚師唸出宣示文件，終於獲得入門。照片是與師父張元富先生合影。／6. 在『松雲澤』的廚房裡甩著鍋子的井桁廚師。

6

目錄

秋

冬

整年…161

在閱讀本書以前

- 一大匙為 15ml、一小匙為 5ml、一杯為 200ml。材料欄中若寫著適宜、適量，則可依據材料狀態或者個人喜好，使用恰到好處的分量。

- 烹調方式中的烹調時間或加熱時間為略估數值。請一邊確認材料各自的狀態，一邊自行進行調整。

- 調理中，使用到蒸烤爐的情況下，基本上以設定好蒸氣模式為前提，標記加熱溫度和時間。

- 用來養鍋的油、或者炸材料使用的炸油，基本上不包含在材料項目當中。另外若沒有特別標示出來，那麼使用的就是沙拉油（大豆油）。

- 料理基礎裡的湯頭、「飄香川滷水」、「飄香香油」、辣椒、辛香料類於本書 P.198 ～ 205 當中有介紹，還請參考。

- 材料欄當中的「黑醋」，依照不同用途會分別使用「保寧醋（四川省）」或者「老陳醋（山西省）」。

- 材料欄當中的「醪糟」，又被稱為酒釀，是讓糯米發酵做出的東西。有著像日本甘酒一樣的香甜口味，是四川料理調味品中不可或缺的一種。

- 「太白粉溶液」是把太白粉溶於同等量的水當中。

- 「白酒」是指起源於中國的無色透明蒸餾酒。會使用高粱、或者以玉米、芋頭等穀物原料所製作的酒。

- 「蔥薑水」是將長蔥的綠色部分、生薑的尾端等添加水之後搓揉，使水帶蔥薑風味。使用在料理的前置準備工作當中、或者是材料調味。

- 「泡菜」是指四川特有的乳酸發酵蔬菜類醃漬物。「泡椒」是指辣椒的醃漬物。

- 本書是以提供料理給與四川同樣四季分明的日本為前提，介紹春、夏、秋、冬以及沒有季節區分、整年皆可提供的五個種類的料理。

川式鵝肝春捲

鵝肝醬的四川式生春捲

提到春捲，我想在日本，應該大多數人都會想到那種用炸的春捲吧。但在中國提到春捲，由於是「把春天捲起來」的概念，因此是春節（舊曆年節）期間會享用的料理，大部分的人喜愛不油炸、只以稍微烤過的春捲皮包各式各樣的配料來吃。

這種春捲在四川也是大家非常熟悉的路邊攤料理，口味上更加清爽、不加肉類而放了許多蔬菜，並淋上四川特有的麻辣（令人感受到麻痺感的辣味）醬汁之後販賣。但近年來由於當地路邊攤的規範變嚴格了，所以非常遺憾、現在能夠輕鬆的在路邊攤享用這款料理的機會似乎也越來越少了。

在此我以獨家製作的春捲皮，搭配辛香料蔬菜、鵝肝醬以及口味清爽又帶著美麗綠色的萵筍（莖用萵苣）等等，搭配甜麵醬與特製辣椒果醬一起包起來，作為套餐料理的前菜，提供給客人。供應的方式就像是可麗餅一樣，用紙張捲一圈包起來、放在立架上呈給客人，不僅令人感到震撼，也能夠展現出俐落的氣氛。

春捲皮也是店家自製。一般來說春捲皮通常會使用中筋麵粉，但我使用的是高筋麵粉，提高春捲皮的彈性及彈力口感。另外還加入海藻糖、提高麵皮的保水度，做出了濕潤的口感，也非常能夠搭配當中的材料、容易入口。

烹調方式見 P.030

乾巴菌梓潼片粉

韭菜翡翠板冬粉　拌雲南高級菇類醬料

料理名稱當中的「梓潼片粉」是指帶著清新翡翠色調、寬片的綠豆冬粉，拌上香辣醬料烹調而成的，這道菜在四川省第二大都市綿陽市所在的梓潼縣非常有名，在四川被認為是小吃（也就是輕食）的一種，是大家從以前就很熟悉的東西。歷史非常悠久，有一說是從清朝時代起，就有廚師在做這道料理。

在此我將四川傳統小吃「梓潼片粉」搭配上「乾巴菌」，藉此展現出高級感及獨創性。這種菇類產於鄰接在四川南邊的雲南省，是非常貴重的野生菇類。「乾巴菌」的外觀看似繡球菌，因此很可能是類似的種類，但是由於無法人工栽培，因此也以其高價聞名。

決定口味重點的醬料，就是將這種「乾巴菌」、韭菜花以及剁碎的新鮮紅辣椒，搭配花椒、鹽、生薑、酒等，使其發酵成為醃漬物，再使用於這道料理當中。這種醃漬物被稱為「韭菜花醃乾巴菌」，是雲南地方的餐桌上非常受歡迎的一道小菜，其魅力就在於風味爽口、與辣味及酸味融合在一起，是會讓人吃上癮的口味。帶有滑溜口感的板條冬粉，與這有著複雜美味及辣味的醬汁十分相合。一般大多會使用韭菜榨汁來為冬粉上色，但在『飄香』的廚房裡，夏天會使用苦瓜汁來取代韭菜汁，並且搭配蒸魚一起上菜，將心思放在隨時都要打造出新口味。

烹調方式見 P.032

涼粉蠑螺貝

豆瓣醬蠑螺與豌豆什錦菜

「涼粉」是使用米或豆類，將其澱粉凝固之後做成的食物，特徵是具有彈性且滑溜的口感。在中國各地有著各式各樣的涼粉料理，不過在四川是以拌上辣油為底做成的香辣醬料非常有名，大家都很熟悉。這款料理是將四川名菜中的「涼粉鯽魚」當中使用了米類澱粉蒸出來的料理稍微變化而成。在『飄香』是以非常有春季感的黃豌豆的澱粉凝固而成的特製涼粉搭配新鮮的魚貝類，作為海鮮料理提供給客人。

近年來也有很多地方會直接使用澱粉材料來輕鬆做出涼粉，不過在此我們堅持使用傳統手法，從把黃豌豆泡在水裡、取出當中的澱粉開始做起，充分發揮出豆類的風味。使用黃豌豆製作的獨家涼粉非常有彈性、帶勁道的口感令人一吃上癮。希望大家能夠享用切成一口大小的涼粉，與蠑螺搭配在一起之後兩者不同的口感。

本道菜色的重點在於香辣醬汁、稍帶苦味的蠑螺肝與豆豉風味。另外添加與魚貝類非常協調的茴香，並且將熱騰騰的香油淋在紅辣椒上、增添其風味。如果用鮑魚代替蠑螺，也會非常美味。

烹調方式見 P.034

酸辣扣鰭邊三絲

酸辣口味的鱉鰭邊

上海料理名菜當中有一道「扣三絲」，是將切成細絲的金華火腿、雞肉、竹筍、豬肉等填進容器當中，再淋上羹湯的優雅料理，不過在此我們使用充滿膠原蛋白的鱉鰭邊、以及鮮味十足的乾干貝來做成非常奢侈的一道菜。除了可以作為宴席料理當中的湯品以外，如果將羹湯調得濃稠一些，也可以直接做為羹類料理上菜。

鱉鰭邊要花費三天工夫，仔細地從乾燥狀態泡回來，才能夠有滑稠柔軟的口感。另外，羹湯以濃厚的高湯及白湯為底，添加醋及胡椒，表現出四川風格又酸又辣的「酸辣」。另外也使用迎接春天到來的新鮮筍子、白蘆筍、豆苗等來表現出春天氣息。

烹調方式見 P.036

香煎糯米鵪鶉

輕微煙燻鵪鶉　搭配糯米油炸　青山椒調味

先將鵪鶉浸漬在特製滷汁當中，然後使用櫻花木及檸檬草煙燻，為其增添帶有春天氛圍的溫和清爽香氣。切開之後將已經帶有辛香料蔬菜及青山椒的香味油拌進糯米當中，盛上輕飄飄軟綿綿的蛋白霜之後，放進蒸烤爐當中加熱。最後再用多一點的油來煎的香香脆脆。

在四川通常會使用鴨子來做這道料理，但由於在日本的鴨子，無論如何肉質都會比當地來得厚實，再怎麼調理都很難讓鴨肉與上面放的糯米有融為一體的感覺，總覺得這樣無法徹底發揮出材料原有的味道，因此選擇了比鴨子小、肉也沒有那麼厚實、更加柔軟的鵪鶉，打造出這道「香煎糯米鵪鶉」。鵪鶉的體型比鴨子小，因此加熱時間也比較短，能夠很快做出這道菜。內臟也一起煙燻到香氣十足，炸過之後作為配料擺上。

烹調方式見 P.038

青豆泥配螺絲捲

炒青豆搭配湖南式蒸麵包

鮮豔的綠色青豆醬，搭配宛如螺旋麵包的蒸麵包上菜。料理名稱當中的「青豆」指的就是豌豆，「泥」則是指將它作成醬料狀。「青豆泥」是從很久以前就存在的古典料理，以前會使用豬油，不過現在已經不使用動物油，而是用植物性且較清爽的椰子油來做成比較健康的菜色。

老麵是中國特有的麵團，以小麥粉及天然酵母製成，將這種麵團拉成條狀、宛如綑綁一般作成一束的蒸麵包，就叫做「銀絲卷」，而這道菜中的蒸麵包就是改良自銀絲卷。我將麵團拉到像繩子那樣細長，捲在錐狀的烹調用具上再拿去蒸。

我將蒸麵包做成像是螺旋麵包的形狀。將青豆醬搭配蒸麵包一起上菜，希望大家能將醬料填到麵包裡享用。除了青豆以外，也非常推薦使用蠶豆來製作。如果不是春天，那麼也可以使用菜豆或者南瓜、核桃等，那麼就一年四季都可以供應這道菜。

烹調方式見 P.040

川式鵝肝春捲

鵝肝醬的四川式生春捲

材料 1 人份
春捲皮＊…1 片
酒浸南乳鵝肝
（白酒與豆腐乳風味的鵝肝醬）※…20g
萵筍…少許
鹽…少許
藤椒油（青山椒油）＊…少許
糖煮無花果乾＊…1 個
辣椒果醬
（以辣椒製作成的果醬）＊…少許
甜麵醬…少許
長蔥（切絲）…少許
醃蕹（切薄片）…少許

※ 酒浸南乳鵝肝
（白酒與豆腐乳風味的鵝肝醬）
材料（容易製作的分量）
鵝肝醬…500g
鹽…適量
A
燒雞鹽（P.180）…5g
老酒…25g
五糧液＊…10g
南乳…15g

1 將鵝肝適當去筋及血塊之後，弄乾淨以後（i），浸泡在常溫水中約 1 小時左右（這是為了要去除臭味，以及讓鵝肝變柔軟，之後會比較好入味）。
2 在托盤上鋪保鮮膜，輕輕將鹽灑在整個托盤上（j），將步驟 1 的鵝肝放上去，以手輕輕鋪平。
3 將材料 A 都混在一起，完全灑在步驟 2 的鵝肝上，再次包上保鮮膜，於冰箱冷藏一晚。
4 將步驟 3 的鵝肝從冰箱中取出，縱切成兩半，將兩半灑了 A 的那一面朝內包起，將形狀調整為棒狀。將捲起來的鵝肝以鋁箔紙包起，並將兩端扭起收合（k）。
5 將步驟 4 的鵝肝放進蒸烤爐內以 68℃、約加熱 40 分鐘之後取出來冷卻。

※ 五糧液
白酒（蒸餾酒）的一種。酒精度數約 60%、原料是高粱、稻米、糯米、小麥、玉米共五種原料，因此命名為「五糧液」，是四川省最具代表性的名酒。

※ 春捲皮
材料（容易製作的分量）
高筋麵粉…400g
鹽…4g
海藻糖…20g
水…340g

1 將材料都放進大碗中，不斷攪拌直到麵團變平滑，靜置一晚（l）。
2 加熱製作可麗餅用的鍋子，單手拿起步驟 1 的麵團（m），壓著麵團在鍋上畫個圓（n）。
3 等到麵皮的邊緣有些乾燥，就翻面稍微烤一下（o）。為了不使其乾燥，要拿毛巾蓋上，使用前重新蒸過。

烹調方式

1 將酒浸南乳鵝肝（白酒與豆腐乳風味的鵝肝醬）※ 切成 7 ～ 8mm 厚（a）。
2 將萵筍去皮後切絲，用鹽巴輕輕揉過，快速過個熱水汆燙（b）後灑上一撮鹽。
3 將藤椒油 ※ 放在鍋裡加熱，將步驟 2 的萵筍以大火快炒後（c）取出。
4 包春捲。將春捲皮 ※ 快速蒸熟後重新鋪平，依序放上蔥白→步驟 3 的萵筍→步驟 1 的鵝肝醬、醃蕹→切成一半的「糖煮無花果乾」（d）。
5 最後淋上辣椒果醬（以辣椒製作成的果醬）＊與甜麵醬之後捲起來（e、f、g），以紙包起來放在立架上菜（h）。

＊糖煮無花果乾
將無花果乾 100g、桂花陳酒 150ml、冰糖 30g、肉桂皮 1 片、水 200ml 一起放進容器當中，放到已充滿蒸氣的蒸籠當中蒸大約 30 分鐘，直到變軟為止都使用大火去蒸（此為容易製作的分量）。

＊辣椒果醬（以辣椒製作成的果醬）
將辣椒（甜味款）200g 與紅辣椒（辣味款）15 條各自去籽之後剁碎。在鍋中放 500ml 的水與 2 個檸檬的切片，放入剁碎的辣椒之後開小火，煮 20 分鐘左右直到材料變軟。將材料以棉布過濾後放回鍋中，再添加 350g 細砂糖、100g 蜂蜜之後煮到呈現濃稠狀態（完成品約為 600 ～ 650g 左右）。

＊藤椒油
使用野生青山椒（藤椒），以特殊的方法將其香氣轉移至油內的產品。特徵是除了山椒那種帶麻痺感的辣味以外，還有著柑橘系的清爽風味。藤椒（青山椒）是四川省成都西南方峨嵋山的名產。

◆製作「酒浸南乳鵝肝（白酒與豆腐乳風味的鵝肝醬）」

鵝肝上面的血管及筋如果殘留的話，口感會非常不好，因此請仔細地去除掉。

將已泡過水、變得柔軟的鵝肝攤開在包了保鮮膜的托盤上，完整淋上A之後放進冰箱冷藏靜置。

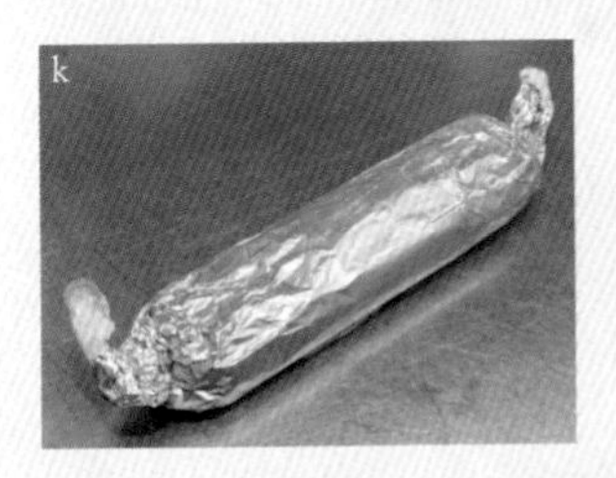

靜置過後的鵝肝縱切成兩半，將兩片原先朝上的那面朝內對放在一起，包上鋁箔紙之後把兩端扭轉收合。

◆製作「春捲皮」

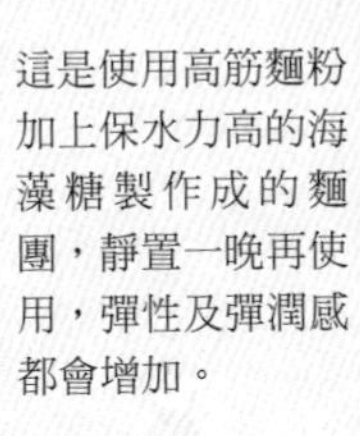

這是使用高筋麵粉加上保水力高的海藻糖製作成的麵團，靜置一晚再使用，彈性及彈潤感都會增加。

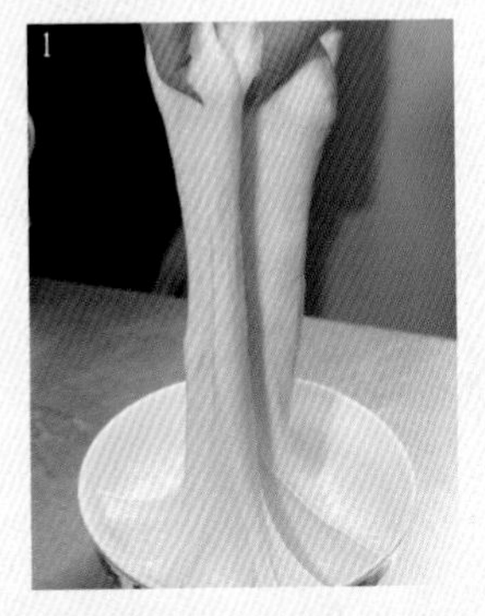

使用製作可麗餅的鍋子，手拿著麵團、壓著麵團在鍋子上畫一圈，然後提起麵團，做出薄片。一旦邊緣能夠撕起來，就把整片都拉起來。

以蒸烤爐加熱過，冷卻後切成容易食用的大小。

迅速過熱水汆燙之後以藤椒油快炒帶出顏色，並添加風味。

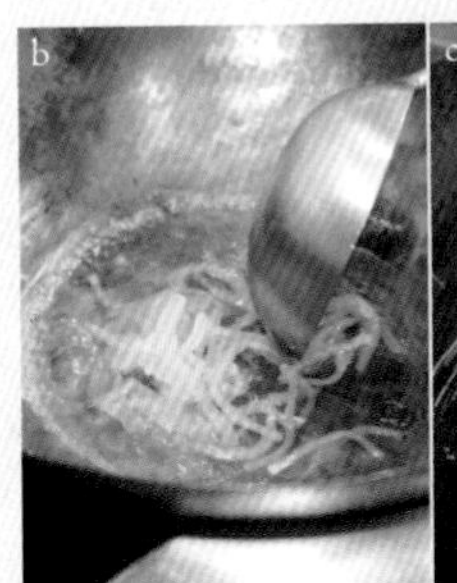

依照蔥白→步驟3的萵筍→豆腐乳風味的鵝肝醬※、四川風味的醃蘿→切成一半的糖煮無花果乾※順序放在春捲皮※上。

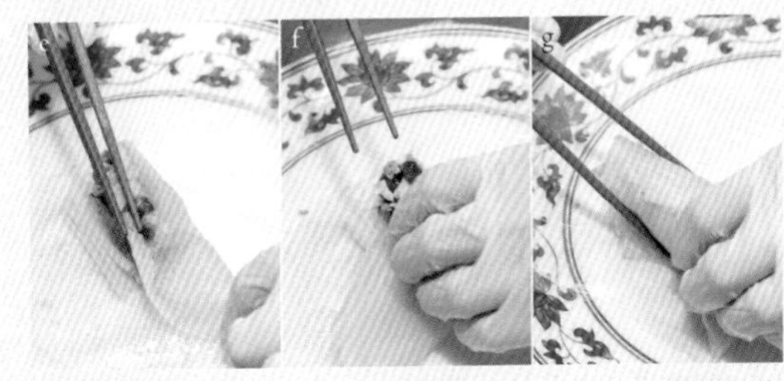

將放了餡料的春捲皮由邊緣向內捲起，將下半段摺起來之後，再繼續捲完。一邊用筷子協助捲春捲，就能夠包得很漂亮。

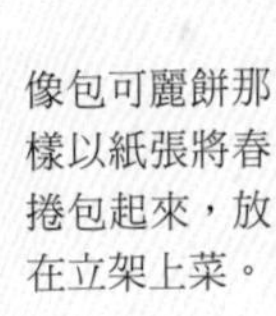

像包可麗餅那樣以紙張將春捲包起來，放在立架上菜。

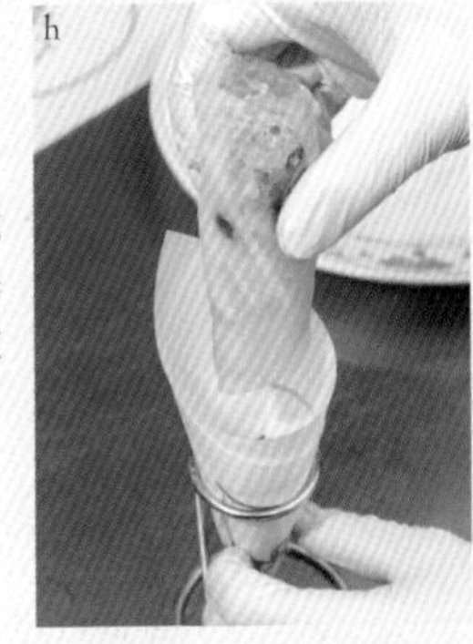

乾巴菌梓潼片粉

韭菜翡翠板冬粉　拌雲南高級菇類醬

材料 3～4 人份
◆翡翠板春雨
綠豆澱粉…100g
水…適量
韭菜汁＊…100ml
明礬…1g
◆韭菜醃乾巴菌醬
菜籽油…50ml
韭菜花醃乾巴菌 ※…40g
A
- 大蒜（剁碎）…6g
- 鹽…2g
- 砂糖…2g
- 醬油…15ml
- 鮮湯（雞湯／ P.198）…45ml
- 老陳醋…22ml
- 檸檬汁…1/2 個量

＊韭菜汁
將 100g 韭菜快速汆燙之後以冰水冰鎮定色，然後與 100ml 水一起用攪拌機攪拌，再用棉布包裹後榨出的湯汁。

※ 韭菜花醃乾巴菌
材料（容易製作的分量）
乾巴菌＊（剁碎）…100g
新鮮紅辣椒（剁碎）…200g
花韭＊（切成 5mm 寬）…60g
生薑（切薄片）…20g
鹽…15g
黑砂糖…5g
花椒…30 粒
五糧液（P.030）…少許

＊乾巴菌
是中國產的野生菇類。由於非常難拿到新鮮的，因此使用的是解凍後的冷凍乾巴菌。

1 將所有材料放進大碗中，以手仔細搓揉攪拌均勻（p）。
2 將步驟 1 的材料放入乾淨的甕中（q）、蓋上蓋子。在蓋子上方灌鹽水以避免雜菌進入，使其密閉（r）。
3 將步驟 2 的甕放在常溫下一星期，再放到冷藏庫中靜置一個月左右，便能發酵完成。完成之後更換容器，保存在冷藏庫當中。

烹調方式

1 製作「翡翠板冬粉」。將綠豆粉及水放入大碗中攪拌，放置一些時間使澱粉沉澱（a）。
2 將明礬加進韭菜汁當中，攪拌均勻（b）。
3 去除步驟 1 大碗中上層的湯汁，將步驟 2 的材料加入沉澱下去的澱粉當中，以打蛋器攪拌均勻（c、d）。
4 在製派用的盤子（內徑 17cm）上倒入步驟 3 的麵團，每次約 30g、薄薄的一層（e）。
5 在鍋子裡將水煮熱（到 80℃左右），讓步驟 4 的派盤浮在熱水上。等到麵團周圍變得有些白，也就是熟了大約五成左右（f）就讓盤子沉下去（g）。就這樣過火 7～8 秒，取出派盤整個放入冰水當中冷卻（h）。
6 取出步驟 5 的派盤，以竹籤等戳一下邊緣（i），就能夠很漂亮的撕起來。
7 將步驟 6 做出的冬粉數片疊放在一起，切成約 1.5cm 寬（j），用手拉開。
8 在鍋中放入少許鹽及油（不在食譜分量內）之後將水煮沸，把步驟 7 的冬粉快速汆燙後取出（k），過冰水定色之後放在一邊瀝乾並弄散（l）。
9 製作「醬料」。將 A 部分的材料一起放入大碗中（m）。
10 在鍋中加熱菜籽油，放入韭菜花醃乾巴菌 ※，炒過以後（n）加進 8 部分的材料拌一拌（o）。
11 將步驟 8 的「翡翠板春雨」放進容器當中，淋上步驟 10 做好的醬料。

＊花韭
原本應該只使用韭菜的花苞，但因為不好取得，所以在此處以花韭代替。

放入添加了些許鹽及油的熱水當中輕輕汆燙過，就會有比較好的滑溜口感。燙過以後可以放進冰水裡冰鎮；或者維持溫熱的狀態也很好吃。

◆製作「醬料」

將剁碎的大蒜、鹽、砂糖、醬油、鮮湯（雞湯）、老陳醋、檸檬汁調配在一起做成醬汁。

以菜籽油翻炒韭菜花醃乾巴菌※帶出香氣，趁熱就倒入剛才調配的調味料當中。

添加了雲南省醃漬物「韭菜花醃乾巴菌」的醬料。發酵的風味及酸味會給人清爽的印象。

◆醃漬「韭菜花醃乾巴菌」

將新鮮紅辣椒、花韭、生薑、花椒等材料放在一起用鹽揉勻，將乾巴菌也加進去。

放入製作醃漬物使用的甕裡、蓋上蓋子，在蓋子的邊緣注入鹽水，以防止雜菌進入，方能順利發酵。

「韭菜花醃乾巴菌」完成品。「韭菜花」使用了花韭；「醃」就是醃漬；「乾巴菌」則是指生長在雲南省的野生菇類。其魅力在於材料雖然非常簡單，卻有著複雜的風味。

◆製作「翡翠板春雨」

將水加進綠豆澱粉當中攪拌，使澱粉吸水之後沉澱。此澱粉將用來製作冬粉。

翡翠色的來源是韭菜汁。薑韭菜快速汆燙過以後就會顯出顏色，再加水以攪拌機攪拌然後榨汁。另外也添加明礬來定色。

只取出沉澱的澱粉，加上韭菜汁之後攪拌均勻。

將麵團慢慢倒進派盤當中，使其在盤子上流動、布滿整個盤子。

讓派盤浮在熱水（約 80℃）上，等到半熟之後就讓盤子沉下去煮。

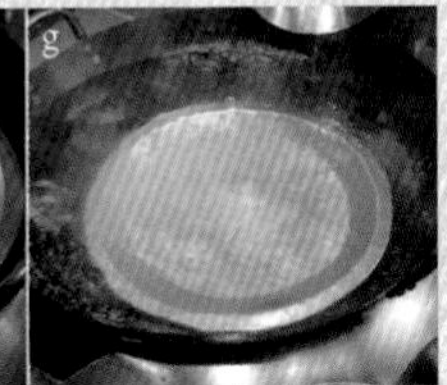

馬上拿起來放進冰水當中冰鎮，注意不要讓顏色跑掉。

漂亮地將冬粉從派盤上撕下來。一開始先用竹籤等刮一下邊緣，就能夠撕得很漂亮。

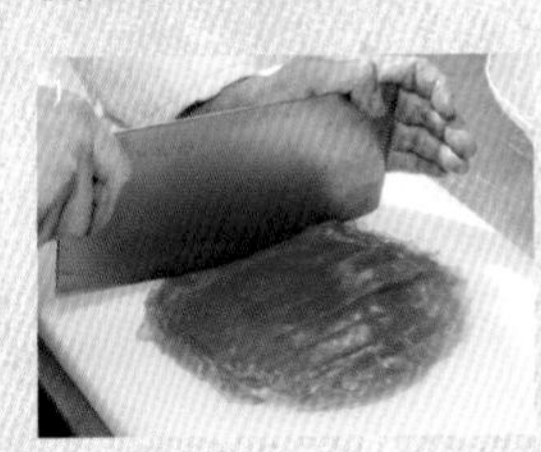

把幾片重疊在一起，切成 1.5cm 寬，切開之後若有黏在一起的冬粉，就用手分開。

涼粉蠑螺貝

豆瓣醬蠑螺與豌豆什錦菜

材料 4 人份
蠑螺（帶殼）…4 個
◆涼粉
黃豌豆（乾燥黃豌豆）…80g
水…750ml

◆醬料
蠑螺肝…4 個份
豆豉（剁碎）…4 大匙
醬油、豆豉皇＊…各 2 小匙
黑醋（老陳醋）…1 又 1/3 大匙
砂糖…2 大匙
生薑、大蒜（都剁碎）…各 2 小匙
茴香（新鮮）…適量
花椒粉…少許
刀工辣椒、辣椒麵（P.203）…各少許
花椒油…3 大匙
飄香香料油（P.201）…3 大匙

＊豆豉皇
製作豆豉的過程中出現的副產物，有點像是醬油膏的東西。

烹調方式

1 製作「涼粉」。將黃豌豆浸泡在 350ml 水中，放 6 小時以上使其恢復原先的狀態（a），以攪拌機打碎。
2 將步驟 1 的材料以棉布過濾出湯汁後倒進大碗中，豆渣先放在一旁。
3 將步驟 2 的豆渣再加入 200ml 水，再以攪拌機攪拌，以棉布過濾後將湯汁放入另一個大碗中，靜置 20 ～ 30 分鐘使澱粉沉澱。
4 將步驟 3 的豆渣再加入 200ml 水，再以攪拌機攪拌，以棉布過濾後將湯汁放入另一個大碗中，靜置一段時間使澱粉沉澱。
5 將步驟 3 和 4 中上層湯汁倒掉，只留下沉澱的澱粉，與步驟 2 的湯汁混合（b）。
6 將步驟 5 的材料以網子過濾後在不鏽鋼鍋中以小火加熱（c）。一邊以打蛋器攪拌，一邊緩慢加熱（d）。
7 加熱時不要停止攪拌，等到呈現半透明狀，會忽然開始凝固，此時就從火上拿起，倒進已經塗好油的容器當中（e）整平表面，隔著冰水冷卻。
8 準備好帶殼且已吐沙的蠑螺，並排放在托盤上。灑上適量的蔥、生薑、老酒 2 小匙（以上都不在食譜分量內），放進蒸烤爐中加熱（85℃、30 分鐘）（f）。
9 將步驟 8 的蠑螺肉由殼中取出，將肝先切下來。肝要用在醬料裡面，因此先放在一旁。
10 將步驟 9 的蠑螺肉縱切成一半之後，以滾刀處理蠑螺肉，切成一口大小（g）。
11 製作「醬料」。將步驟 9 中取下的蠑螺肝以菜刀的刀背輕敲成泥狀，與其他的醬料材料混合在一起（h、i）。
12 將步驟 7 的涼粉切成 2cm 大小的方塊，在加了鹽的熱水當中汆燙（j）。
13 將步驟 11 中的醬料、步驟 10 的蠑螺、步驟 12 的涼粉及茴香混合在一起（k）將整體攪拌過後，灑上花椒粉、刀工辣椒、辣椒麵（l）。
14 將花椒油和飄香香油搭配在一起加熱，在熱騰騰的時候嘩地淋在步驟 13 的材料上（m），攪拌均勻後將成品盛在已經擺好殼的盤上。

◆製作「醬料」

以刀子敲打蠑螺肝，與豆豉、老陳醋、砂糖、辛香料蔬菜混合在一起。重點便在於蠑螺肝的些微苦味，與豆豉的濃郁美味、風味都很搭調。

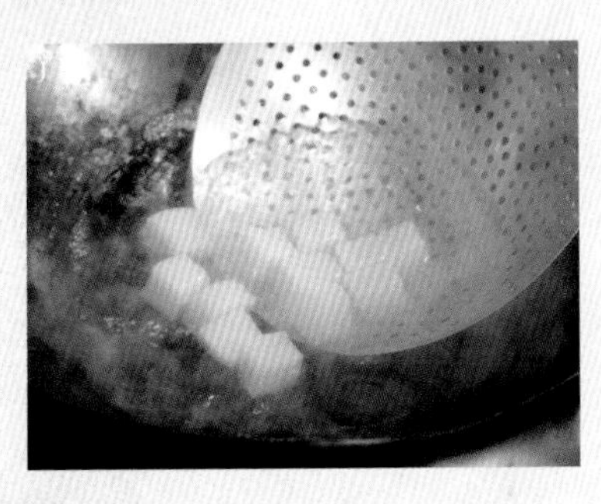

切成塊狀的涼粉要與醬料拌在一起之前，先在加了鹽的熱水裡快速燙一下。這樣涼粉的風味和口感都會更好，也容易沾附醬料。

有著甘甜爽口香氣的茴香與魚貝類非常對味。也非常適合油品、更能增添色彩。

將辣椒粉和花椒灑到已經加熱成熱騰騰的飄香香油上，瞬間就會帶出辛辣味及風味，能更增添成品風味。

◆製作「涼粉」

先將乾燥的黃豌豆浸泡在水裡使其恢復原先狀態，再以攪拌機打碎後用棉布過濾（第 1 次）。將留下來的豆渣再次加水打碎榨汁（第 2 次）。然後再次將豆渣加水攪碎榨汁（第 3 次），將三次榨出來的湯汁分別靜置。

將第 1 次榨出來的湯汁與第 2、3 次榨汁後留在底部的澱粉混合在一起，做成涼粉的麵團。將豆子裡含有的澱粉盡量萃取出來，能夠增加口感。

由於鐵鍋可能會使食物染上鐵味，因此在這裡使用不鏽鋼鍋。將榨出來的湯汁過濾以後，使用打蛋器不斷攪拌，慢慢以小火加熱。

加熱之後會變成半透明的樣子，澱粉糊化後會很快凝固，因此要立刻從火上移開，倒進容器裡使其凝固。

蠑螺在帶殼的狀態下與蔥、生薑、老酒一起以蒸烤爐加熱。此時將溫度設定為溫度較低的 85℃，保留蠑螺的口感及香氣。

蠑螺肉全部以滾刀切成一口大小，這樣比較好咀嚼、也很容易沾附醬料。

酸辣扣鰭邊三絲

酸辣口味的鱉鰭邊

材料　開口 7cm、高 5.5cm 的湯碗 4 個量
鱉的鰭邊（泡發）…100g
乾香菇（泡發）…20g
新鮮竹筍（燙熟）…30g
火腿（金華火腿）…12g
雞胸肉…40g
乾燥干貝（泡發）…20g
白蘆筍…4 支
A
- 高湯（P.198）…400ml
- 白湯（P.199）…200ml

B
- 鹽…少許
- 老酒…2 小匙
- 胡椒…大量

太白粉溶液…適量
白醋…40ml
雞油…1 小匙
豆苗…適量

烹調方式

1. 將鱉的鰭邊（乾燥）浸泡在水中，一邊注意要換水，花費三天將其泡發回原先的樣子（a）。將鰭邊快速汆燙一下，浸泡在適量高湯（不在食譜份量內）當中，蒸 30 分鐘之後取出，切成看起來有些透明的薄片。
2. 將乾香菇表面削去薄薄一層，以模型取下傘蓋處（b），剩下的部分切絲。將金華火腿、竹筍也都切絲。乾燥的干貝在泡發以後用手撕開。
3. 將雞胸肉（把整隻雞水煮後，撕下來的胸肉部分）切絲。
4. 剝掉白蘆筍的皮，將蘆筍及皮一起放入容器當中，把 A 倒進去，包上保鮮膜放進已經充滿蒸氣的蒸籠當中蒸 15 分鐘（c）。
5. 豆苗用鹽水迅速汆燙過。
6. 將步驟 4 的白蘆筍取出，去皮之後瀝乾，切成 4cm 長。蒸湯留著。
7. 在湯碗內側包一層保鮮膜，將模型取下的香菇片放在底部，然後將鱉的鰭邊貼在碗內（d）。把切絲的火腿（金華火腿）、筍子、雞胸肉也都貼在碗內（e、f）。正中央放入步驟 2 泡開的干貝，然後放上步驟 6 的白蘆筍。
8. 將步驟 7 的湯碗稍微淋上步驟 6 中留下的白蘆筍蒸湯（g），包上兩層保鮮膜。放進已經充滿蒸氣的蒸籠當中蒸大約 15 分鐘。
9. 將步驟 8 的湯碗取出，稍微傾斜湯碗，將蒸湯倒入鍋子裡。將步驟 6 用剩的蒸湯也倒進去之後開火。沸騰之後將 B 加進去調味（h），另外加上太白粉溶液勾芡、另外還要加醋，最後淋上雞油。
10. 將湯碗翻過來盛裝倒盤子上（i、j），淋上步驟 9 的羹湯，並添上步驟 5 的豆苗（k）。

將鱉的鰭邊（乾貨：照片下方）花費三天仔細泡發（照片上方）。鰭邊先浸泡在水裡一天，泡回原來的樣子。恢復原狀的鰭邊再淋上熱水、包上保鮮膜後靜置一天冷卻。重複此步驟三次。以菜刀將表面薄膜輕輕削去。

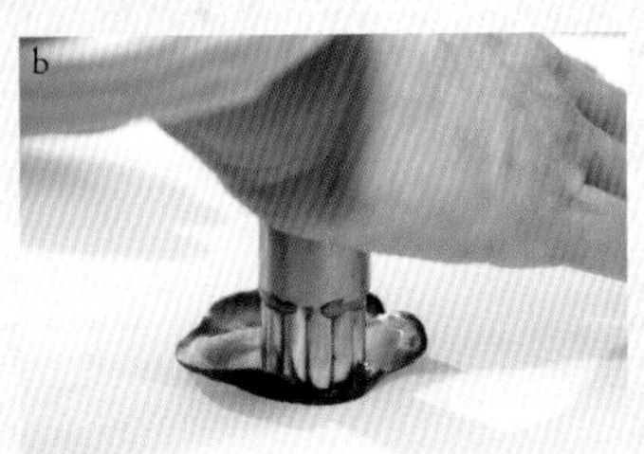

香菇輕輕削去表面棕色的部分，以模型取出一片。取下之後剩下的部分切絲。

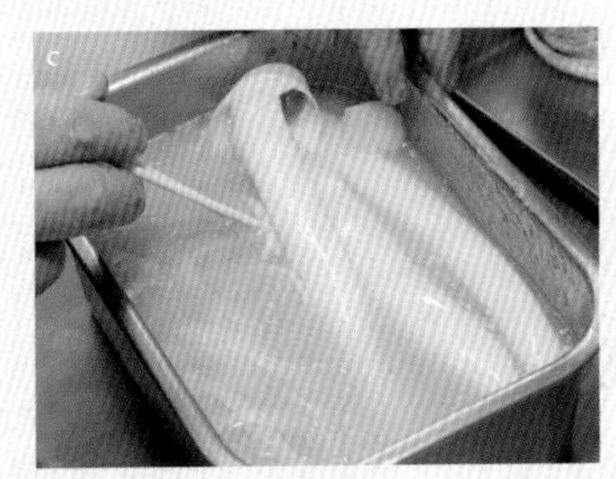

白蘆筍剝下的薄皮也和蘆筍一起與高湯蒸，藉此帶出其風味。

d

將保鮮膜鋪在碗裡，正中央將香菇外表朝下放置，把鰭邊以放射狀貼在碗內。

把切絲的金華火腿、筍子、雞胸肉以菜刀刀腹放進碗內。

把內餡材料都放進去之後，將蒸湯倒進碗中，高到碗邊，包上兩層保鮮膜去蒸。

煮沸蒸湯，把鹽、老酒、又刺又辣的胡椒大量放入，勾芡之後再加點醋，打造出「酸辣」的風味。

將湯碗倒扣在盤子正中央，拿起湯碗後再輕輕撕掉保鮮膜。

淋上以濃厚高湯及白湯製作的酸辣味羹湯，並擺上以鹽燙過而顏色鮮豔的豆苗作為裝飾。

香煎糯米鵪鶉

輕微煙燻鵪鶉　搭配糯米油炸　青山椒調味

材料 4 人份
鵪鶉…2 隻
飄香川滷水（P.201）…適量
櫻樹煙燻木…少許
檸檬草粉末…少許
糯米…36g
A
青蔥（剁碎）…20g
生薑（剁碎）…5g
鹽、胡椒…各少許
B
青花椒油＊…4g
藤椒油（P.030）＊…2g
木薑油＊…1g
蛋白…1 個量
糯米粉…1/2 小匙
檸檬草（乾燥）…適宜
陳皮青花椒鹽＊…適宜

＊青花椒油
將青花椒（乾燥粉末）100g 加入沙拉油 3L 當中，以小火慢慢加熱，使青花椒香氣轉移至油品當中。一般來說通常會以顆粒狀態直接加熱，不過我在此使用粉末來加熱，是希望讓香氣更加銳利。

＊藤椒油
四川省的油品，將野生山椒香氣萃取至油品當中。

＊木薑油
將山胡椒果實清爽香氣萃取至油品當中做成的油。

＊陳皮青花椒鹽
輕炒 50g 皇家鹽（福建省產的日曬海鹽），將青花椒（P.204）1g、青皮（綠橘子的陳皮）3g 也一起拌炒到出現香氣，然後用攪拌機打碎。

烹調方式

1　將糯米浸泡在水中一晚，然後蒸 30 分鐘。
2　將鵪鶉的內臟（肝以及蛋）取出，快速燙過之後分別浸泡在飄香川滷水當中（a）。將這些材料以蒸烤爐（64℃、20 分鐘）加熱。內臟在經過 10 分鐘後就取出。各自從蒸烤爐取出後繼續浸泡在滷汁裡大約 20 分鐘。
3　將步驟 2 的材料都從飄香川滷水中取出，各自風乾 1 小時左右，待其表面乾燥（b、c）。
4　將步驟 3 的材料放進有櫻樹煙燻木及檸檬草粉末的窯中（d），煙燻 1 個半小時左右，然後再風乾 1 小時。
5　將步驟 4 的鵪鶉腳剁掉，從背部中線對半縱切成半隻（e）。腿和翅留下，拆掉胸骨（f、g）。
6　將 A 放入大碗中。將 B 混合後放入鍋中加熱到滾燙，倒進放置 A 的大碗中使香氣轉移進去。
7　將步驟 1 中蒸好的糯米加入步驟 6 的大碗裡，調配均勻。
8　在大碗中把蛋白打到八分程度，灑糯米粉進去（j），然後再打到全發。
9　將步驟 5 的鵪鶉肉那面以抹刀塗上太白粉，放上步驟 7 的糯米（h、i）。然後把步驟 8 的蛋白仔細地塗在整個鵪鶉肉上（k）。
10　將步驟 9 的鵪鶉放進蒸烤爐中（85℃、4 分鐘）加熱（l）後取出，就此靜置 30 分鐘～ 1 小時使其穩固（m）。
11　在鍋裡放稍多的油之後開火，在低溫的時候將步驟 10 的鵪鶉以蛋白面朝上的方式放進鍋中（n），一邊轉動鍋子來煎鵪鶉。煎的時候使用鍋勺等將熱油淋到蛋白上（o），大致上熟了之後，最後再轉大火，將鵪鶉煎為香脆的狀態。
12　將步驟 4 的內臟沾太白粉快速炸過。
13　在鍋子裡煎一下檸檬草，帶出其香氣（p），鋪在盤面上。然後將步驟 11 的鵪鶉切成一半盛上去，同時放上步驟 12 的內臟。

將快速汆燙過的鵪鶉與內臟各自浸泡在飄香川滷水當中，以蒸烤爐加熱，繼續浸泡在滷汁中使其入味。

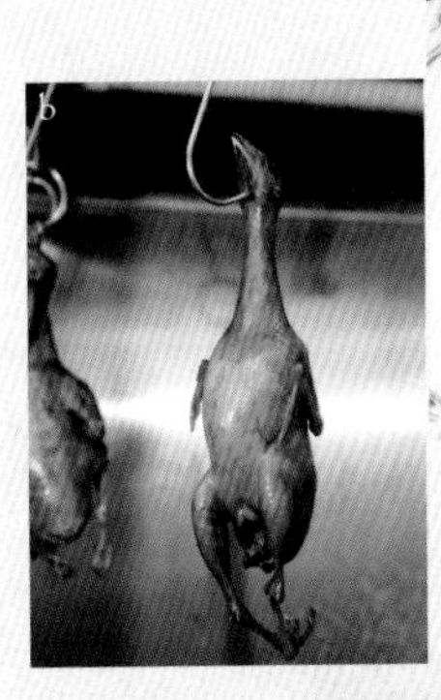

由滷汁中取出，風乾約 1 小時使其表面乾燥，之後煙燻的香氣比較容易附著。

在窯中放入櫻樹煙燻木及檸檬草粉末，煙燻已風乾的鵪鶉約一個半小時。

從背部下刀切開鵪鶉，遇到骨頭處就用力敲打菜刀柄，將鵪鶉剁成兩半。

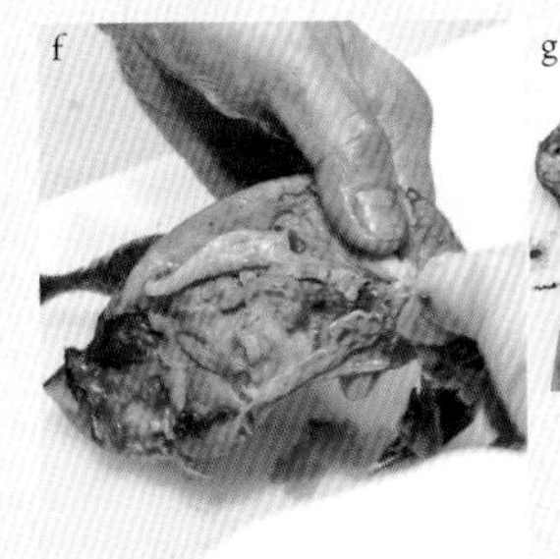

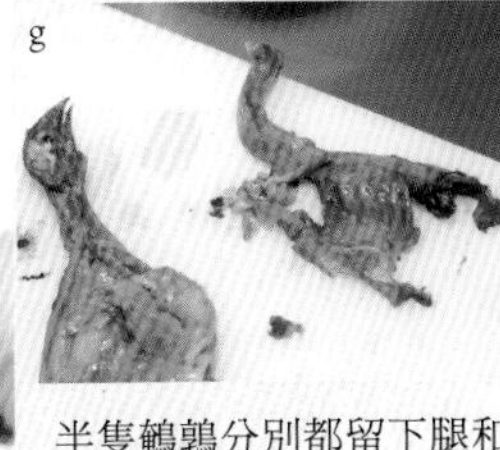

半隻鵪鶉分別都留下腿和翅，去骨的時候，連接頭部處有個骨頭分為三叉處，如果最後用菜刀切開這裡，就能夠輕鬆漂亮地去骨。

將太白粉塗薄薄一層在肉的那面，這是用來固定糯米等容易四散的材料。

將蛋白打到約八成之後加入糯米粉，然後再完全打發，這樣就能做出非常有彈性的口感。

以抹刀仔細將鵪鶉肉這面塗滿蛋白霜。

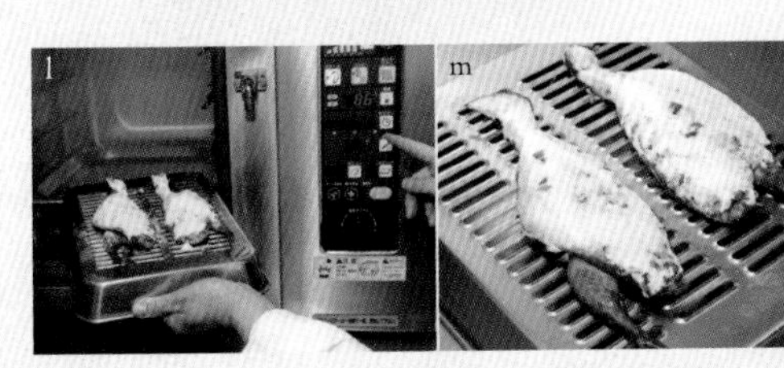

以蒸烤爐加熱後，取出來放涼。之後使用油煎鵪鶉的時候，如果還是溫熱狀態，蛋白霜會很容易脫落。

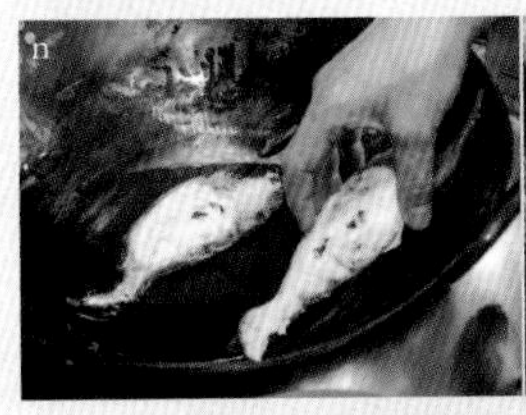

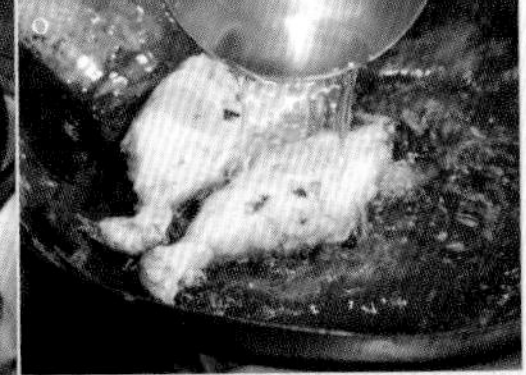

放多一些油，從低溫開始煎起。一邊轉動鍋子以免鵪鶉黏在鍋底，同時以鍋勺將油倒在蛋白上，讓蛋白這面也能好好煎熟。

將帶有清爽香氣的檸檬草放在鍋裡煎一下，讓其香氣更加顯著之後擺在盤上。

青豆泥配螺絲捲

炒青豆搭配湖南式蒸麵包

材料　約 30 個量

◆青豆泥

- 豌豆…300g（淨重 90g）
- 細砂糖…18g
- 椰子油…45 ～ 60g
- 水…2 大匙

◆蒸麵包（螺絲卷）※ 容易製作的分量

- 老麵＊…250g
- 上白糖…50g
- 海藻糖…30g
- 氨粉…2g
- 鹼水…1.5g
- 低筋麵粉…200g
- 發粉…12.5g
- 豬油…7.5g
- 溫水…約 60ml

乾燥藍莓…30 粒

＊老麵

低筋麵粉 160g、老麵（先前留下來的麵團）15g、水 90g 調在一起放入 30 ～ 40℃的保溫器中約 12 小時使其發酵後再行使用。要從當中取出 15g（留待下次製作麵團時使用）。

烹調方式

1. 製作「蒸麵包（螺絲卷）」。將老麵＊與上白糖、海藻糖放入大碗中，手法溫和地揉麵。
2. 將氨粉、鹼水、低筋麵粉、發粉先混在一起過篩後，加入步驟 1 的麵團當中，然後依序加入豬油、溫水，繼續溫和揉麵。
3. 將步驟 2 的麵團分成兩份，放在已經灑好麵粉的檯子上。將麵團各自延展成 10×40cm 左右（a）。
4. 將步驟 3 的麵團切成寬 4 ～ 5mm，將椰子油與豬油等量混合的油品，以刷子適量（不在食譜份量內）薄薄刷一層在麵團表面（b）。
5. 將步驟 4 的麵團蓋上保鮮膜後靜置 10 分鐘左右。
6. 將步驟 5 的麵團每 4 ～ 5 條一起提起兩端，讓麵團在空中曲折，拉到約 60cm 長（c）。重複此動作。
7. 將步驟 6 拉好的麵團條稍微捲起來，放在圓形工具上（#11：外徑 26mm、口徑 12mm）的尖端（d），依照工具的形狀將麵團捲上去（e）。
8. 將乾燥藍莓放在步驟 7 的麵團上作為裝飾，於已充滿蒸氣的蒸籠當中蒸大約 8 分鐘。取出後將麵團由工具上拿下。
9. 製作「青豆泥」。在鍋中放入水 500ml、鹼水少許、約 10% 的鹽（以上皆不在食譜份量內）後煮開。將已經從豆莢中取出的豌豆放進去，煮大約 1 分鐘以後放進冰水中定色（f）。
10. 將步驟 9 的豌豆放進攪拌機當中攪拌，以網子壓成泥狀，然後加入 2 大匙水拌勻。
11. 放大約一半的椰子油進鍋裡，等到融化以後將步驟 10 的豌豆泥放進去，以小火翻炒（g）。與油充分混在一起之後，再添加細砂糖加熱。
12. 等到出現光澤，就將剩下的椰子油從鍋邊繞一圈淋進去，拌炒加熱（h），等到水分差不多乾燥、鍋子發出霹啪聲之後就關火（i）。
13. 快速地重新蒸一下步驟 8 的蒸麵包加熱（j）、盛裝在器皿當中，附上步驟 12 做的青豆泥上菜。請客人將豆泥填在蒸麵包當中享用（k）。

◆製作「青豆泥」

先將豌豆放在加了鹼水的鹽水當中煮，之後放在冰水中冰鎮，便能夠在短時間內做出柔軟又顏色漂亮的青豆。另外在水煮之後若能將薄皮剝掉，打成泥之後的口感會更好。

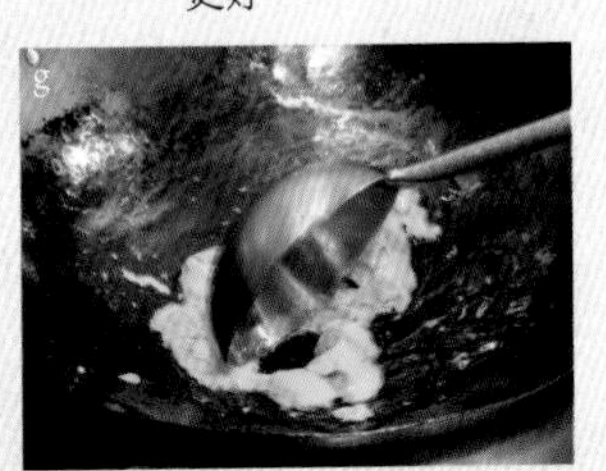

將一半的椰子油加進豆泥當中，以小火慢炒直到油和豆泥混合均勻，然後加入細砂糖。

由於豆泥非常容易燒焦，因此加熱時要不斷攪拌，如果出現了小泡泡，就從鍋邊慢慢將剩下的椰子油淋進鍋中，繼續攪拌均勻。

如果鍋子發出霹啪聲，就將豆泥翻炒到與油有些分離的狀態，這樣口感會比較輕盈。這個狀態稱為「翻沙」。這是由於撈起含有水分的沙子時，水分會從沙中流出，從這種樣子來命名。

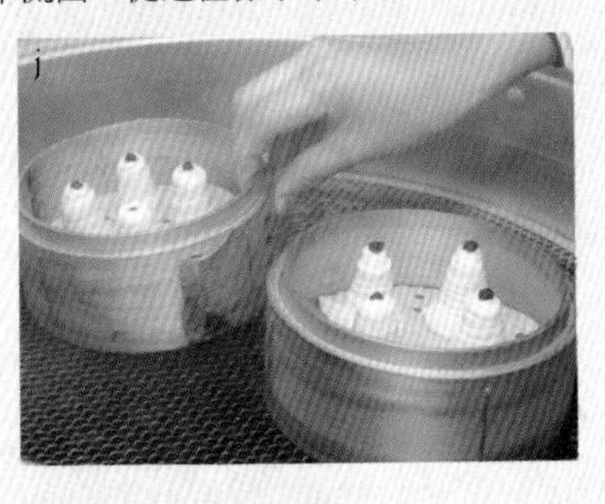

重新準備好蒸麵包，在上菜前迅速地蒸一下。

請客人隨喜好將豆泥填進蒸麵包中。

◆製作「蒸麵包（螺絲卷）」

將麵團切成兩份，各自在灑了麵粉上的檯子延展開來，以擀麵棍推開成10×40cm左右。

推開來的麵團切成5mm寬，將椰子油與豬油等量混合的油品，以刷子適量薄薄刷一層在麵團表面。蓋上保鮮膜之後靜置10分鐘，麵團就會變得更加柔順且容易延展、不易斷裂。

拿起靜置的麵團條兩端，讓麵條在空中曲折，一邊擺動一邊拉長麵團。中間可以把麵團放回檯子上調整，慢慢拉長、不要拉斷。

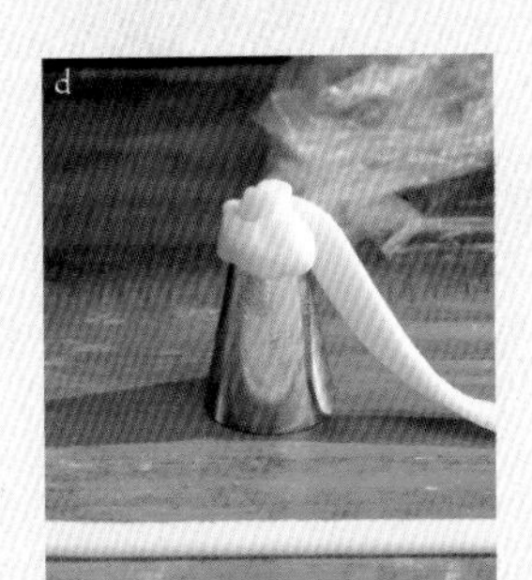

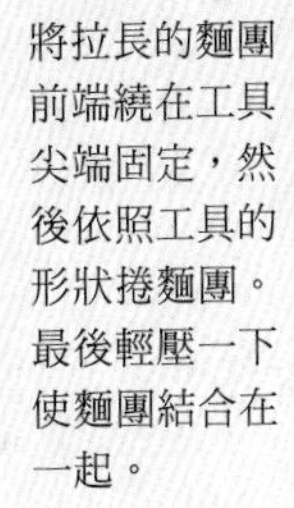

將拉長的麵團前端繞在工具尖端固定，然後依照工具的形狀捲麵團。最後輕壓一下使麵團結合在一起。

紋絲豆腐

刨絲豆腐湯品　搭配四川綠茶香氣

這道料理是改良自揚州名菜的「文思豆腐」，據說原先是在至今300年以前，清朝乾隆皇帝治世時，由揚州的文思和尚所設計的素食料理，被選為乾隆皇帝滿漢全席當中的一道，是深具歷史意義的菜色。當我第一次在上海的四川餐廳老店遇到這道「文思豆腐」的時候真的非常感動，沒想到竟然有如此細緻的料理。

料理名稱當中的「紋絲」是指花樣非常美麗的絹絲，在這裡用來表現出切成非常纖細的豆腐那種滑順宛如絲綢般浮沉於湯中的樣子。

為了能夠讓人品嘗到纖細豆腐的口感與口味，因此湯品使用了口味幽雅的清湯，以及產於四川、有著清爽風味、被稱為「竹葉青」的綠茶，打造出既清爽又豐裕的口味。

將嫩豆腐削成會透光般的薄片，然後再切成細絲，重點是不能做起來放，一定要客人點了才開始動手切。放入口中會有種入口即化的口感及豆腐的甘甜、以及清湯的美味，且飄盪出綠茶的清爽感。

烹調方式見 P.068

夏韻酸菜包燒香魚

包烤香魚　四川式醃瓜醬汁

這道料理是將四川名菜中的「酸菜魚」以及「泡燒魚」結合在一起，改造成飄香風格的菜色。首先，將中國的醃漬物「酸菜」與淡水魚一起熬煮的「酸菜魚」是四川省重慶的家庭料理，非常有名。在此道菜色當中，最不可或缺的就是四川風格的醃漬物「泡菜」。由乳酸發酵的醃漬物，其酸味與鹹度、魚類鮮美、辣椒的辛辣味交織在一起，帶出了非常複雜的口味。

另外「泡燒魚」原本是在四川的淡水魚當中塞入豬肉、筍子、醃漬物（芽菜）等材料，再用網油包起來去炸的料理。

在此我們使用的是四川最具代表性的淡水魚「香魚」，試著搭配改造出一道適合夏天、有著清爽口味的魚類料理。由於香魚的口味清淡，因此希望能夠在活用肉質特性的同時，也能增添濃郁感，因此在魚肚裡塞的並不是豬肉，而是植物性蛋白質的腐皮和肝等，使魚恢復原有的樣貌。再以網油包起增添濃郁感、同時裹上炸衣去香煎。當中塞的腐皮拌上豆腐乳及爽口的藤椒油作為調味，能更加凸顯出香魚本身的口味。

四川當地的「酸菜魚」通常會添加番茄，不過在此我並不直接使用番茄，而是在醬料當中使用萃取番茄風味的香料水，使其外觀看來透明卻有著番茄風味。辣椒、生薑、芥菜泡菜的酸味及辣味合為一體，打造出令人印象深刻的口味。

烹調方式見 P.070

一品蟠龍鱔

蒸鰻魚肉泥　高級清湯

這道菜原先是我在前往四川省拜訪之時，品嘗到一道名為「一品龍衣」、使用了一整條蛇的料理，我對於其令人驚喜的美味十分感動，因此創作了這道料理。為了要在日本重現這道菜色，我使用日本人也非常熟悉的鰻魚來取代蛇，創作出這道料理。

將鰻魚留下完整的皮，只切下魚肉。將魚肉磨碎以後，再使其恢復原狀，是非常費工夫的料理。將它放在口味優雅的清湯當中上菜。在中國的湯品中，經常會使用豆苗來飄在湯面上作為裝飾，但此處我使用的是爽口的葉山椒搭配少量魚肉泥，製作成湯面上的裝飾。

料理名稱當中「一品」這個詞，在中國是用來當作「最棒的」意思，也就表示這是一道奢侈的料理。另外「蟠龍」是表示龍捲成一圈、正要高飛升天的樣子，因此我將鰻魚一樣擺盤成圓形、宛如一條龍的樣貌，這樣擺盤的鰻魚有如在盤上栩栩如生，外觀看起來也十分令人震撼，在宴席等餐桌上若能提供這道奢侈的湯品，想必大家都非常開心。

烹調方式見 P.072

荷葉粉蒸鯰魚

以蓮葉包裹辛香料粉蒸鯰魚

先使用辛香料為鯰魚調味之後，灑上米粉去蒸，這種調理方式便稱為「粉蒸」。粉蒸使用的粉末是白米的粉，在已經調好的材料上灑米粉，在蒸的時候流出的味道及鮮味便會由米粉吸收，因此不會外流、仍然能夠品嚐到那些美味，是非常具有邏輯的烹調方式。自古以來中國各地都會使用這種方式，在四川料理當中，用辛香料調味過的牛肉灑上米粉去做的「粉蒸牛肉」就非常有名。另外也可以使用豬肉、雞肉或魚類來烹調。在此我用來調味的是一整隻鯰魚，然後用蓮葉包起來放下去蒸，清爽的蓮葉香味也會轉移到鯰魚上，風味獨特。我同時放了絲瓜一起進去蒸，濃縮了美味的湯汁也被絲瓜吸收，變得更加美味。另外也可以使用豌豆、高麗菜、南瓜、馬鈴薯、地瓜等等各式各樣的蔬菜來取代絲瓜。

米粉使用了白米及糯米混合在一起炒，另外添加花椒、陳皮等口味清爽的辛香料，一起做成粉狀。添加了少許糯米便能夠較有彈性、吃起來口感較佳。

蒸好之後再嘩地淋上炒過大蒜與蔥的熱騰騰香料油，更能增添風味。

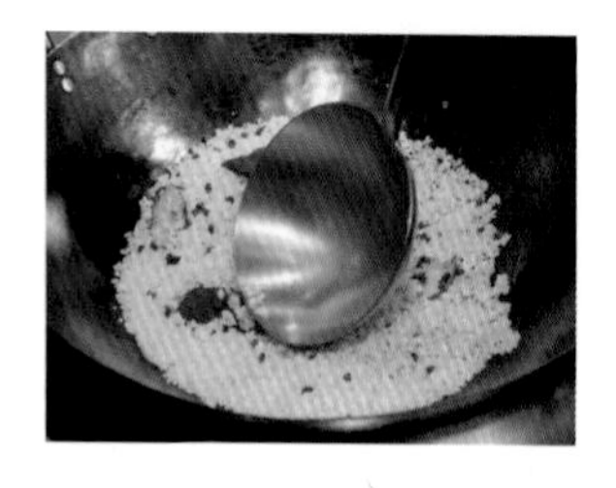

烹調方式見 P.074

金湯魚鰾

黃金醬魚鰾

乾燥後的大型魚類浮囊稱為「魚鰾」，和海參、鮑魚、魚翅合稱為「鮑參翅肚」，是中國四大海味之一，被認為是營養豐富的高級食材。魚鰾本身含有非常多的膠質，只要冷卻就會凝固，因此經常被使用在熬煮的料理、或者是淋上羹湯的料理等熱菜上。

「魚鰾」本身並沒有味道，享用其特殊的口感及功能，就是料理的目的。在此我們搭配高湯與白湯等量調配而成、濃稠的湯頭慢慢熬煮，使味道滲入當中。

令人印象深刻的黃金色湯頭，在四川當地經常會使用甜度較低的大型南瓜，但在此我們使用既爽口又有甜味、且能夠使用鹹味帶出些許甘甜感的黃色西葫蘆泥來做出顏色，提高魚鰾的高級感。另外加上帶鹹度也非常美味的火腿（金華火腿）、以及青菜來增添色彩。

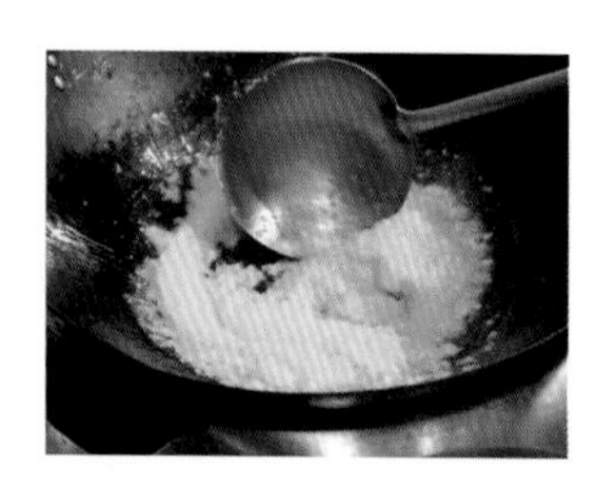

烹調方式見 P.076

酸湯脆皮海參

大海參油炸到酥脆　搭配四川醃瓜醬料

日文將「海參」稱為海鼠，這在中國非常有名，是會被使用在中藥當中的高級食材。順帶一提「海參」這個名字由來是「海中的人參」，據說也含有和人參一樣的成分。

四川料理提到海參，就是將海參放在白湯與高湯製作成的濃厚高湯仔細熬煮，然後加上胡椒與醋來調味的「酸辣海參」非常有名。不過我是以這道名菜為起點，創作出飄香風格的菜色。調味使用了芥菜、生薑，活用辣椒泡菜所散發出的發酵酸味及辣味，打造出複雜且具深度的口味。白湯及高湯等濃縮的湯品美味，加上味道複雜的酸味及辣味，創作出一道既濃厚而餘韻清爽的四川風格料理。

海參使用的是被稱為「豬婆參」的白色大海參。這種海參在溫暖的南方海洋中悠哉的生長，因此體格很大，將乾燥的海參泡發以後，肉質給人非常粗糙的印象。但如果能將它炸得酥酥脆脆、且帶有味道，一咬下去就會有彈回牙齒的彈性，讓人發現它嶄新的魅力。這款料理會烹調一整隻海參，讓海參有如牛排一樣、非常具存在感，當成主菜來提供給客人。

烹調方式見 P.078

參杞醪糟肉鰻

藥膳紅燒鰻魚包料與豬肉

將帶皮的豬五花肉與鰻魚，以被認為有藥效的人參、棗子、枸杞酒等一起熬煮，口味非常濃郁的一道料理。烹煮的料理雖然會給人寒冷時分季節感的印象，但人參和枸杞、棗子等一起熬煮的料理在夏天上桌的話，也被認為是能夠慰勞在夏季感到疲勞的身體、是非常滋補的餐點，大家看到都會很高興。

滷豬肉在中國各地不同地方有著各式各樣的烹調方式以及調味，而四川料理當中的滷豬肉特徵之一，通常會提到的就是使用醪糟。醪糟是讓糯米發酵做成的，與日本的甘酒很像，是四川傳統料理當中的調味料，如果用在料理當中，可以發揮出比砂糖更加溫醇的甜味，且能夠增添濃郁感。鰻魚去骨之後熬煮，再將山藥插在當中裝飾成魚骨的樣子，讓魚肉能夠整個吃下去。這種意外的口感與耗費工夫的手法，能夠讓人在吃的時候既驚喜又更覺美味。

雖然這是熬煮的料理，但並不需要像以往那樣開火咕嘟咕嘟長時間熬煮，加熱的時候活用蒸烤爐，便能夠活用素材的柔軟度、口感並將營養發揮到最大限度，這點實在可以說是現代風格吧。

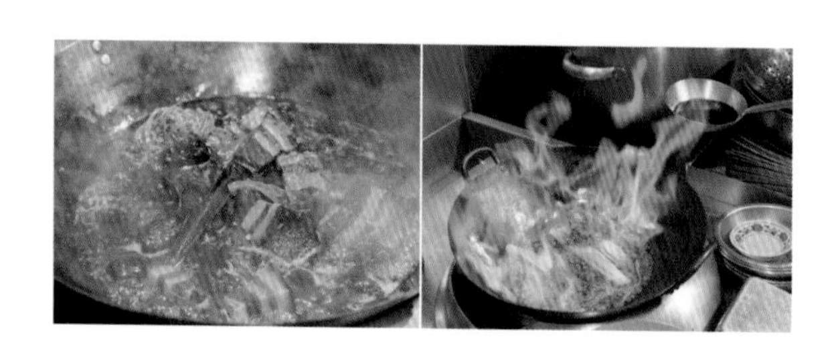

烹調方式見 P.080

魚香酥皮兔糕

油炸網油包兔肉泥與夏威夷豆　魚香醬汁

在日本雖然並不是很尋常，但在四川兔子是非常普通的食物。在路邊的市場當中也經常有人在販賣剝了皮的兔子。兔肉非常清爽、沒有什麼油脂，口感跟雞肉差不多，非常受歡迎。

在當地通常會使用辛香料來調味之後供應餐點，不過在此我多做了幾層工夫，打造出一道適合宴席的料理。將兔肉磨碎以後使用網油包起來油炸，然後淋上魚香醬料，兔肉本身的口味非常清淡爽口，因此使用背油、堅果、網油來增添其濃郁感及口感。

另外「魚香」這個詞，是四川料理當中特有的調味方式，混合了乳酸發酵的辣椒醃漬品「泡椒」、鹽、砂糖、醋等等，特徵是有著複雜又具深度的口味。此處由於醬料要用來搭配清爽的兔肉，因此不使用大蒜，且將泡菜剁成細絲，給人纖細又清爽的感受。裝盤的時候可以插上兔子骨，花點心思讓食用者也能欣賞擺盤。

烹調方式見 P.082

鮮玉米苞

棗子餡的新鮮玉米餅

近年來對於中國住在都市當中的人來說，有一種非常受歡迎的嶄新旅遊方式，就是「農家樂」。這是讓居住在都市裡的人們，利用休假日的時候接觸鄉下農村的綠意，並且享用料理來使身心都煥然一新。

我自己在前往四川省的時候，也體驗了「農家樂」，在鄉下農家吃到的料理，絕對不是什麼豪華的菜色，但卻使用了從前流傳下來的方法，仔細的做每道料理，我真的非常感動。

在當地吃到的東西，是沒有添加任何餡料、非常樸實的玉米餅。我重現那滲入五臟六腑的美味，打造了飄香風格的「鮮玉米苞」。我在當中添加了棗子餡，並且做成了看起來就像玉米樣貌的迷你玉米，用這點玩心讓吃的人也能更加覺得開心。

烹調方式見 P.084

椒鹽鮑魚粽子

鮑魚粽子　搭青山椒香氣

粽子在中國古代傳說中就已經出現，歷史非常悠久，在中國各地有各式各樣的形狀、非常多人食用。提到中國風格的粽子，大家的認知就是把糯米調味以後添加肉、香菇、竹筍等餡料，以竹葉包起來。在四川有被稱為「椒鹽粽子」的花椒風味粽，原本當中通常使用乾肉，也就是臘肉。在此我為了發揮出餡料當中使用的新鮮鮑魚美味，因此添加了醃漬豬背油來取代臘肉，增添其濃郁感，並且以四川風格的青山椒與鹽巴來做簡單的調味。

餡料使用的是夏天正當季的新鮮鮑魚，展現出其存在感。先用蒸烤爐加熱鮑魚，便能夠既有彈性又多汁。一起放進去蒸的糯米、薏苢與青山椒及豬背油一起炒過，帶出香氣及添加濃郁感。鮑魚負責的是帶出鮮味及口感，因此只使用最少用量。這道菜色能夠享用鮑魚的海鮮香氣、鮮味則滲入米飯，與青山椒香氣融為一體，是非常奢侈的口味。

另外搭配的醬料也使用了鮑魚肝，以豆瓣醬及醪糟等四川料理風格的調味料，打造出香辣又濃厚的口味，更能凸顯口味單純的粽子。

烹調方式見 P.086

荷葉香老成都湯圓

老成都式湯圓　搭蓮葉清香

「湯圓」是一種很像加了糯米糰的勾芡湯品，在中國原本是屬於帶著吉祥意義的東西，會在舊曆新年結束的那天「元宵節」享用。在四川省成都，是使用以糯米發酵的天然甜味調味料醪糟，做出口味質樸的「醪糟湯圓」，非常有名。在此我用了具有放鬆身心及解毒功效，既清爽又香氣十足的蓮葉茶，再加入湯及糯米團，打造出非常適合暑熱時節的清爽口味。

製作的時候，重點就在於要把溫度調整到上菜時不能過燙、也不能過涼。糯米糰在蒸過以後，放進以蓮葉茶與醪糟製作的湯品當中，擺到青綠又帶著涼爽氣息的蓮花葉上，再點綴一些蓮葉茶的碎冰。

此道菜色的魅力就在於表面上冰冰涼涼有嚼勁、當中的餡卻溫熱又化於口中，是非常不可思議的口感。在辛辣的料理之後端上這道菜，作為休息的料理，也能讓人的口中更加溫和、感到愉快。

烹調方式見 P.088

元寶酒香綠豆酥

綠豆什錦　搭配紹興酒與白巧克力香

大家應該很常在中國的伴手禮當中看到「綠豆酥」，這是一種將綠豆粉和砂糖壓進模型當中使其固結的點心，很像是日本的落雁，魅力在於有著傳統風味的質樸口味。綠豆被認為營養豐富，且具有能夠退火的功效，因此被認為是消暑的食物，在中國也通常被認為是適合夏天的材料。

在此我們從綠豆粉做起，先把豆子磨成粉，耗費工夫盡量確實活用豆子原有的風味。另外材料方面，使用綠豆粉、砂糖，以及較為健康的椰子油來使口感更加滑順。將其灌入仿造古代中國貨幣「元寶」做成的模型當中壓緊，以非常吉祥的樣子上菜。

醬料是在白巧克力當中添加油脂，再以紹興酒增添風味，做成現代風格的口味。一口吃下就會在口中散開來，豆子的味道、濃厚的白巧克力及紹興酒香氣都一起在口中散開來。由於水分並不多，若能和飲料一起上菜，想必更令人開心。推薦可以和有著美麗紅褐色、魅力在於甘甜及帶深度口味的雲南紅茶一起享用。

烹調方式見 P.090

紋絲豆腐

刨絲豆腐湯品 搭配四川綠茶香氣

材料 4 人份
綠色蘆筍…2 支（70g）
嫩豆腐…20g
鹽、胡椒…各少許
◆豆腐湯
嫩豆腐…130g
清湯（P.199）…180ml
中國綠茶（竹葉青）…2g
熱水（80℃）…80ml
老酒…少許
鹽、胡椒…少許
太白粉溶液…適量
雞油…少許

火腿（金華火腿：切絲）…少許
中國綠茶（竹葉青）…少許

烹調方式

1 以重物壓嫩豆腐（20g）使其徹底瀝乾。
2 將鹽加入熱水中燙煮蘆筍，把步驟 1 的嫩豆腐一起用食物攪拌機打成泥狀，以鹽及胡椒調味。
3 將步驟 2 中的豆腐泥分成四等分放入茶碗中（a），蓋上保鮮膜以蒸烤爐加熱（85℃、6 分鐘）（b）。
4 製作「豆腐湯」。將嫩豆腐（130g）切成極細絲（c、d），放入灌了水的大碗當中使其每條分開（e）。
5 將茶葉放入熱水（80℃）中泡（f）。以鋪了廚房紙巾的濾網來過濾清湯（g）。
6 將步驟 4 的材料一起放入不鏽鋼製的鍋中，以老酒、鹽及胡椒來調味。
7 將步驟 6 的豆腐放到濾網中瀝乾，淋上適量溫熱的清湯（不在食譜分量內）（h）。
8 將步驟 7 的豆腐放入步驟 6 的鍋中，用湯勺背面以輕劃過的方式來攪拌（i、j），倒入太白粉溶液勾芡。最後淋上雞油，盛入步驟 3 的茶碗中（k）。最後放上金華火腿細絲及茶葉作為點綴。

將瀝乾的嫩豆腐與蘆筍打的泥以較低的溫度蒸（85℃、6 分鐘），打造出鬆軟口感。

要將豆腐切成非常細的絲，首先要將豆腐片成薄片，然後由邊緣開始切成細絲。這個時候刀要放直，能夠切得比較細。

將切成細絲的豆腐放入水中，用筷子輕輕撥動使其每條各自分開。

泡綠茶的時候要注意熱水的溫度。如果溫度太高，會變得有些苦澀，要用 80℃以下的熱水引出香氣及美味。

清湯先用廚房紙巾濾掉多餘的油分，這樣一來就能夠有更清爽的口感。

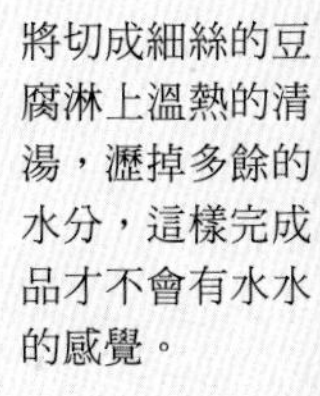

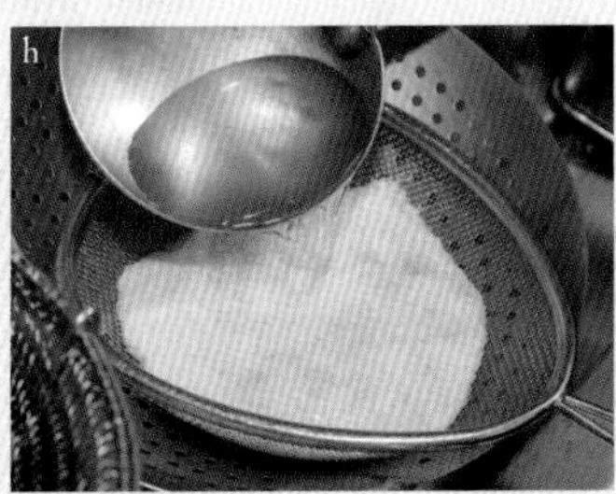

將切成細絲的豆腐淋上溫熱的清湯，瀝掉多餘的水分，這樣完成品才不會有水水的感覺。

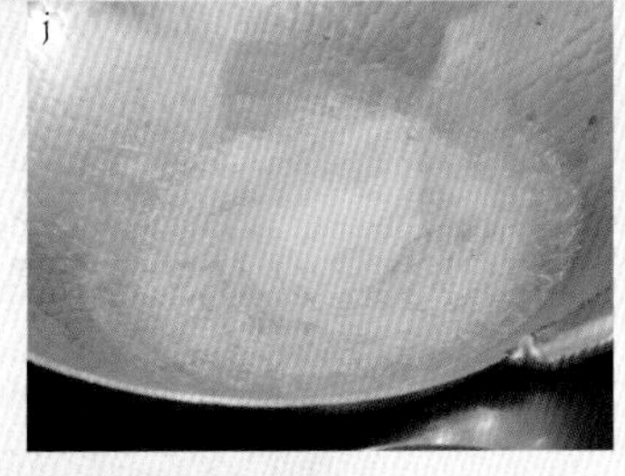

攪拌的時候要注意不能壓壞纖細的豆腐絲，以湯勺背面輕輕撫過的方式來攪拌。

豆腐羹慢慢倒入裝了蘆筍豆腐蒸泥的茶碗中，整平表面。

夏韻酸菜包燒香魚

包烤香魚　四川式醃瓜醬汁

材料 4 人份
香魚…4 尾
鹽、胡椒…各少許
老酒…少許
太白粉…適量
豆腐皮…36g
水…500ml
鹼水…1ml
白豆腐乳…8g
藤椒油（P.030）…4g
網油…60g

◆香魚麵衣
- 低筋麵粉…50g
- 玉米粉…10g
- 水…60ml
- 油…1 大匙

◆醬料
- 生薑泡菜（剁碎）…8g
- 芥菜泡菜（菜芯部分）…20g
- 小米椒泡菜（剁碎）…4 條量
- 蔥油…2 小匙
- 老酒、鹽、胡椒…各少許
- 鮮湯（雞湯／P.198）…60ml
- 番茄水＊…60ml
- 太白粉溶液…適量
- 雞油…1 小匙

加賀胡瓜的泡菜＊…適量
迷你番茄…適量

＊加賀胡瓜的泡菜
切成圓片後去芯，炒過以後使其稍微帶些焦色。

＊番茄水
以熱水燙過番茄並去皮以後，使用攪拌機將番茄打碎後包起，放在濾網中並將濾網架在大碗上，放在冰箱冷藏庫一晚後滴出的湯汁。這樣可以萃取出帶有番茄香氣、味道及其美味的透明液體。

烹調方式

1. 在鍋中放入食譜分量指定的水與鹼水，放入切成細絲的豆腐皮之後開火。等到水溫到 80℃左右就將豆腐皮撈起（a）放進冰水當中，之後取出、以廚房紙巾徹底擦乾濕氣。
2. 將步驟 1 的腐皮放入大碗當中，以白豆腐乳、藤椒油調味。
3. 準備好去了魚鱗的香魚，切除魚鰓、魚鰭。連著頭尾由魚脊骨沿著魚骨切開。
4. 以剪刀剪斷魚脊骨與魚頭及魚尾相連處後取出。將內臟（肝）、魚骨、魚刺都剔除乾淨（b）。魚肝之後要使用，先放在一旁。
5. 將步驟 4 的香魚灑上鹽、胡椒及老酒調味，然後灑上太白粉。將步驟 4 的肝、步驟 2 的腐皮都放上去（c）。
6. 打開網油，以刷毛將太白粉刷上去，放上步驟 5 的香魚。將剖開的香魚闔上，以網油包起（d）。
7. 以低筋麵粉、玉米粉、水、油調成麵衣，薄薄塗一層在步驟 6 的網油上（e）。
8. 在鍋中加熱油，先將步驟 7 的香魚放進去，將之後要朝上放的那面先朝下放入鍋內，以中小火將兩面煎成金黃酥脆（f）。
9. 在步驟 8 的鍋中加油（g）等到溫度回到 80℃左右就關火，直接以餘將香魚加熱到熟（h）。
10. 製作「醬料」。將蔥油放入鍋中開火，添加切絲的泡菜拌炒（i）。等到香味散出，放入老酒、鮮湯、番茄水＊之後確認味道（j）。
11. 將步驟 10 的材料加入鹽及胡椒調味後，以太白粉溶液勾芡，最後淋上一點雞油。
12. 將步驟 9 鍋中的油留下一點，其餘都丟掉（k），重新開火將香魚兩面煎到香脆。最後倒掉所有油，將香魚表面煎到更硬。
13. 將加賀胡瓜（黃瓜的一種）的泡菜（四川風格醃漬物）放在盤子中間，將步驟 12 的香魚放上去，淋上步驟 11 的醬汁。另外附上以高溫油簡單炸過的迷你番茄及小米椒（P.203）泡菜。

等到香魚的表面變硬，就將油加到香魚只露出一點表面的程度，等到油溫升到80℃左右就關火，直接以餘溫將香魚加熱到變熟。

◆製作「醬料」

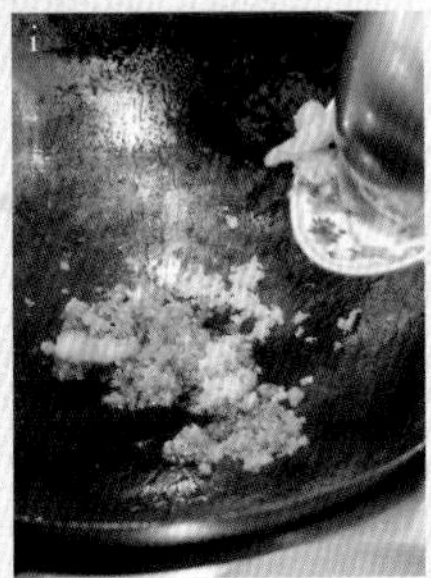

為了不損及香魚纖細的口味，秘訣就在於泡菜要剁得盡可能碎一些。以蔥油拌炒出香氣來製作醬料。

添加在醬料當中的番茄水是透明的，能夠只為醬料增添番茄的美味及酸味。由於番茄會因品種等而有味道上的差異，還請依據實際口味進行調整。

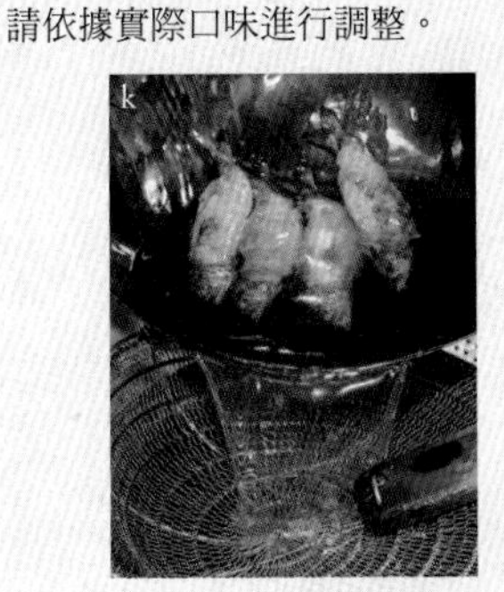

將浸泡香魚的油倒掉，只留下一點。

讓香魚在鍋面滑動，將兩面都煎到香脆。

最後將所有油都倒掉，繼續煎烤兩面逼出多餘的油，使成品更加酥脆。

將腐皮放進添加了鹼水的水中烹煮，這樣會有柔軟又滑稠的口感。如此一來塞在香魚當中，能夠增添材料的融合感。

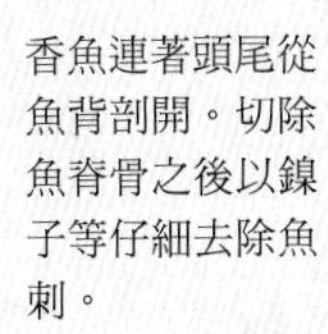

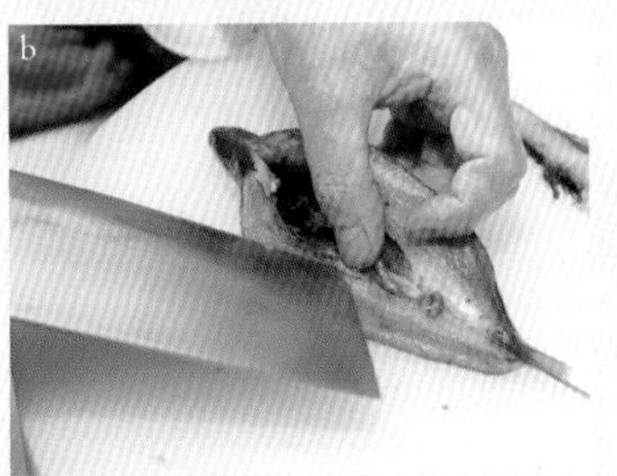

香魚連著頭尾從魚背剖開。切除魚脊骨之後以鑷子等仔細去除魚刺。

帶苦味的香魚魚肝與已先調味好的腐皮放在打開的香魚上。

以網油包裹香魚，並將香魚闔回原先的樣貌，如此一來可為清淡口味添加濃郁感。網油要先以刷毛刷上太白粉，這樣就能確實將香魚包好。

在網油上塗一層薄薄的麵衣。以往麵衣會使用蛋白和太白粉，但這樣一來油炸之後麵衣會膨脹，也會變得比較油膩，因此在這裡使用的是低筋麵粉與玉米粉。這樣麵衣比較好抹開、也能夠有酥脆的口感。

一開始要先把最後盛裝的那面向下放進鍋內先煎，然後再煎另一面。以畫圓圈的方式稍微轉動鍋子，來讓香魚整條都能煎到。

一品蟠龍鱔

蒸鰻魚肉泥　高級清湯

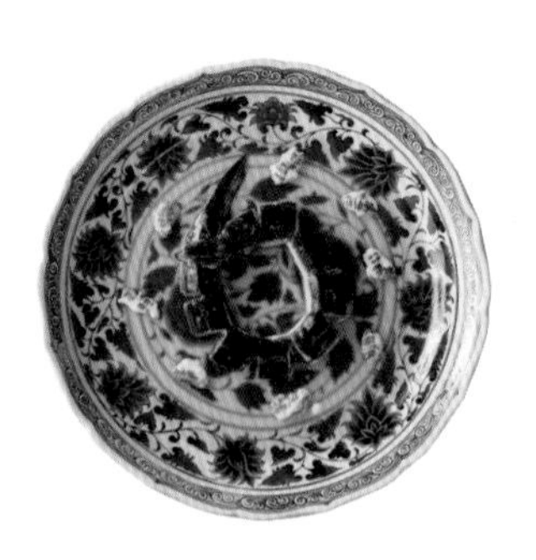

材料 8 人份
鰻魚…1 條
清湯＊…約 750ml
太白粉溶液…少許
雞油…少許
◆鰻魚肉泥
鰻魚肉…120g

A
豬背油…30g
薑蔥水（P.016）…6g
鹽…1.36g
胡椒…少許
老酒…3g
蛋白…15g
太白粉…適量
◆湯面裝飾
胡椒嫩葉…8 片
鰻魚肉泥…5g
蛋白…5g

＊清湯
這裡使用的清湯，是最基本的清湯（P.199），然後再添加鰻魚魚骨所熬製的。這能讓鰻魚骨當中的美味及膠原蛋白都流入清湯，打造出奢華口味。當然也與鰻魚非常搭調。

烹調方式

1 製作「鰻魚肉泥」。將鰻魚開腹之後，去除魚脊骨及內臟（a）。
2 將步驟 1 的鰻魚肉那面朝上放置，從正中間處下刀深一點，由切開處將魚身橫放後入刀，拉著皮將魚肉切下來（b）。頭仍然留在皮上（c）。
3 以菜刀敲打步驟 2 取下的魚肉，並且剁碎（d）。
4 將步驟 3 剁碎的鰻魚肉 120g 添加 A 之後，使用食物攪拌機攪拌，打成濃稠狀。
5 將步驟 2 的鰻魚皮攤開來放好，以刷毛沾太白粉刷在魚肉這一面，以抹刀將步驟 4 的鰻魚肉放上去（e）。
6 將步驟 5 的鰻魚摺起，使其恢復成原先的樣貌（f），以保鮮膜包裹好，並將保鮮膜兩端扭轉闔起。
7 將步驟 6 的鰻魚以拉直的狀態放入蒸烤爐中（85℃、20 分鐘）加熱（g）。
8 製作「湯面裝飾」。將蛋白打發做成蛋白霜，與鰻魚肉拌在一起。
9 以刷毛將太白粉刷在胡椒嫩葉上（h），沾附步驟 8 的肉泥（i）後迅速用熱水汆燙一下（j）。浮起來以後就取出瀝乾。
10 將步驟 7 的鰻魚取出、撕掉保鮮膜，以相等長度下刀切開不切斷（k）。
11 將步驟 10 的鰻魚盛裝到盤子上，擺盤時要使其捲成一圈（l）。
12 將清湯＊放入鍋中煮沸，以鹽、胡椒調味之後，倒入一點太白粉溶液，稍微勾芡。最後淋上一點雞油。
13 將步驟 12 的清湯淋在步驟 11 的鰻魚上（m），並放上步驟 9 製作的湯面裝飾。

◆製作「鰻魚肉泥」

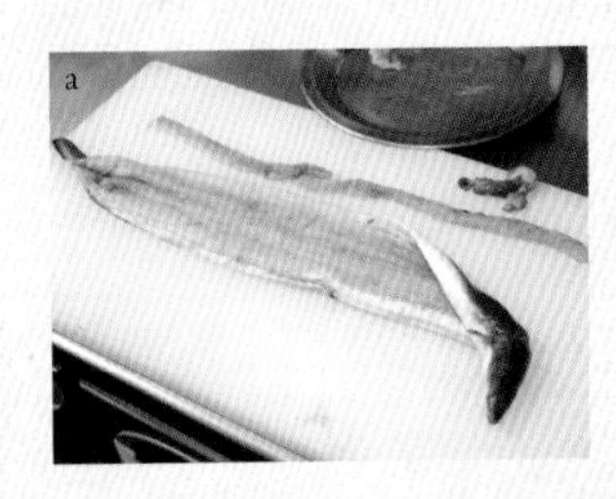

將鰻魚剖開之後使用。魚脊骨也要加到清湯裡面作為湯頭材料，因此先放在一邊。

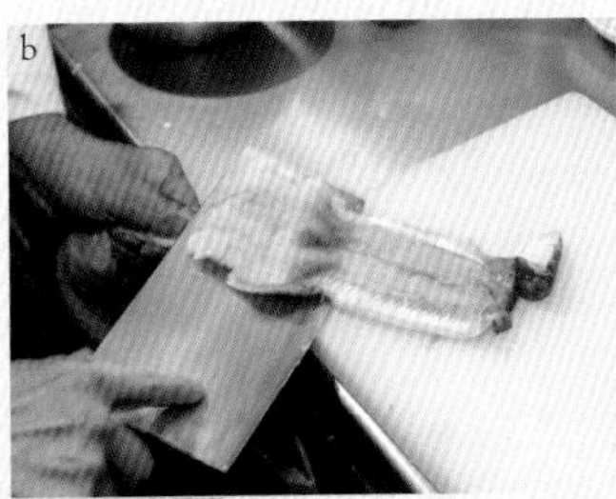

從皮的正中間下刀，然後如同照片所示，使鰻魚橫躺以後拉著皮切下魚肉。此時要注意不可傷到魚皮。

以菜刀拍打魚肉，做成蓉狀。所謂「蓉」不太像剁碎，而是以菜刀敲打成有些帶黏性的狀態。

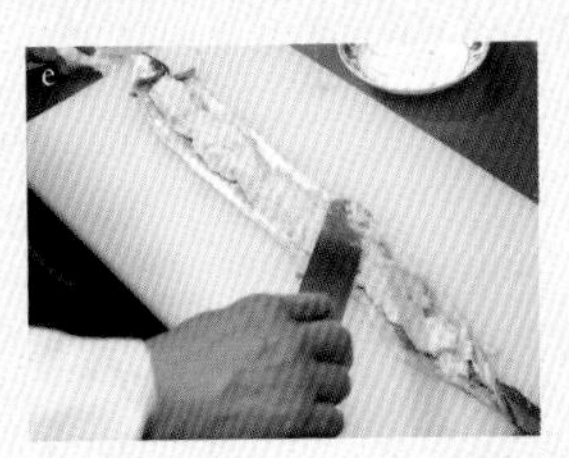

以刷毛在皮的內側刷上太白粉，並以抹刀將魚肉泥抹到皮上。

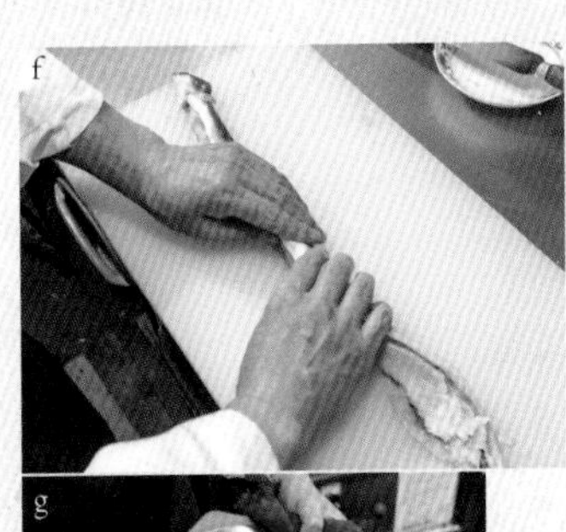

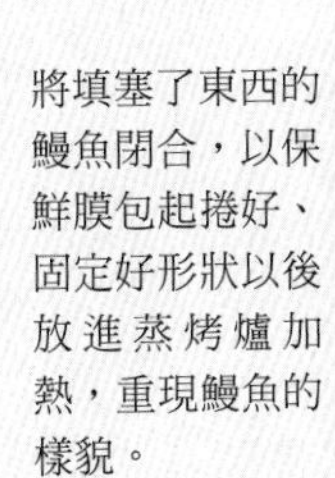

將填塞了東西的鰻魚閉合，以保鮮膜包起捲好、固定好形狀以後放進蒸烤爐加熱，重現鰻魚的樣貌。

◆製作「鰻魚肉泥」

將胡椒嫩葉灑上一些太白粉，魚肉泥就不容易與葉子分離。將胡椒嫩葉壓進魚肉泥當中，很自然就可以沾附魚肉泥。

將湯面裝飾放進 80 ～ 90℃的熱水當中，並且輕輕淋上熱水使其慢慢煮熟。湯面裝飾不要預先做起來，每次要用的時候再做。

切鰻魚的時候注意不要切斷，只要切很深的開口。只要有切口，鰻魚就能比較好彎曲起來擺盤，另外如果能依照人數來切，之後分盤就會比較輕鬆。

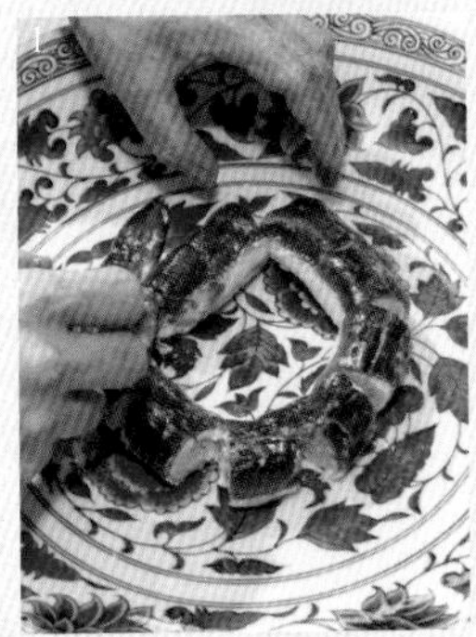

想像龍蜷曲身子的樣子來擺盤。將頭提起來會比較有立體感。

湯使用的是既濃郁又美味、並且非常爽口而高雅的清湯。為了要維持湯頭的透明感，勾芡要維持在最低限度。

荷葉粉蒸鯰魚

以蓮葉包裹辛香料粉蒸鯰魚

材料 4 人份
鯰魚…1 條
絲瓜…1 條 150g
蓮葉（乾燥）＊…1 片
米粉（魚用）＊…20g
菜籽油…40ml
A
豆瓣醬…12g
生薑（剁碎）…6g
醪糟（P.016）…12g
泡椒（剁碎）…20g
B
白豆腐乳…6g
豆豉（剁碎）…4g
鮮湯（雞湯／ P.198）…20ml
老酒…10ml
焦糖、醬油…各 2ml
泡椒香油（P.110）…20ml
鹽…少許
青花椒粉…適量
青蔥（切小段）…10g
大蒜（剁碎）…5g
C
飄香香料油（P.200）… 40ml
藤椒油（P.030）…10ml
木薑油（P.038）…2ml

＊蓮葉
先將乾燥的蓮葉泡水恢復原狀，然後快速汆燙一下再使用。

＊米粉
這是我自己製作與辛香料混合在一起的米粉。使用米 300g、糯米 100g，各自浸泡在水中一晚後瀝乾，與青山椒 3g、陳皮 6g 一起放進 120℃的烤箱烤 40 分鐘烘乾。之後在鍋中拌炒到帶點顏色以後，再用攪拌機打成粉狀。

烹調方式

1 絲瓜去皮之後切掉蒂頭、縱切成兩半，然後斜切成 1cm 左右厚的切片（a）。
2 先將鯰魚頭剁掉、去除內臟與魚脊骨，將魚肉片好（b）。頭及魚脊骨等也會使用，因此先放在一旁。
3 在鍋中加熱菜籽油，把 A 放進鍋中炒一炒，添加泡椒（c）之後快速拌炒一下。
4 將步驟 3 的材料放入大碗中，加入 B 後以打蛋器攪拌均勻。
5 將步驟 2 中片好的鯰魚肉 200g 放進步驟 4 的大碗當中，以手拌勻使魚肉充分沾附調味料，靜置 20 分鐘左右（d）。
6 將米粉＊加進步驟 5 的大碗中攪拌均勻（e、f）。
7 將蓮葉攤開放在盤上（g），依照順序疊放上步驟 6 的鯰魚、步驟 1 的絲瓜（h）。正中央擺上鯰魚頭（i）。
8 將步驟 5 剩下的調味醬料淋在步驟 7 的鯰魚頭上，將蓮葉包起來（j），以盤子壓好蓮葉（k），放進已經充滿蒸氣的蒸籠裡蒸。
9 等到步驟 8 的鯰魚蒸好以後，打開蓮葉，將葉子往下折進盤子邊緣，灑上青蔥及大蒜。
10 將 C 的油品混合在一起，加熱到熱騰騰的狀態淋在步驟 9 的盤子上（l）。

絲瓜本身沒有什麼味道，適合用來吸取湯汁、打造出滑順口感。可以使用茄子來取代絲瓜，也非常美味。

鯰魚先剁掉頭、取出魚脊骨和內臟等，將片下來的魚肉斜切。剁下來的頭先放在一旁，最後要盛裝在料理的中間，展現出這是一道鯰魚餐點。

首先以菜籽油拌炒A的豆瓣醬、生薑、醪糟來帶出香氣，添加泡椒來增添醃漬物特有的風味，輕輕過火使味道調和。

可以的話將B的鮮湯先拿去快速汆燙一下鯰魚頭和魚脊骨等材料，再用來搭配使用蔥、生薑等製作的醬料，會更增添整體口味的融合感。

這裡用的米粉是我自己製作的加料米粉，陳皮和青山椒的爽口風格與魚類非常對味。如果要使用的是肉類，可以使用八角、花椒、陳皮、桂皮等來取代青山椒。

由於蓮葉非常大，因此要在蓮葉中間折一下來調整大小。

將已經調好味的鯰魚片和蔬菜以放射狀來擺盤。中央空下來的地方則放上鯰魚頭，並且淋上剩下的調味醬料。

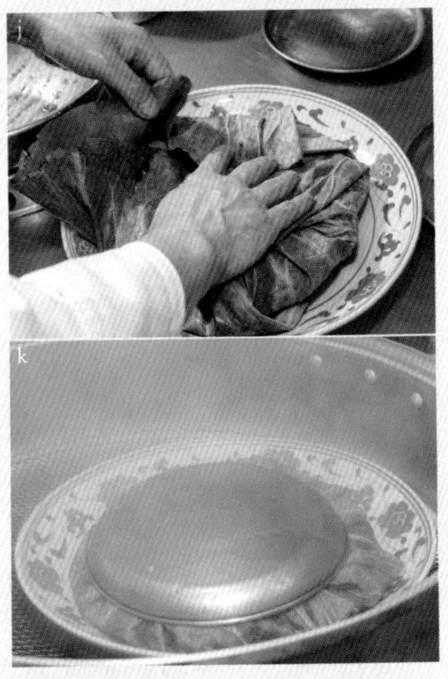

將蓮葉包起來，以盤子壓著以免蓮葉翻開，放進充滿蒸氣的蒸籠裡蒸。

金湯魚鰾

黃金醬魚鰾

材料 4 人份
魚鰾＊…500g（已蒸好的狀態）
西葫蘆（黃色）…200g
◆醬料
西葫蘆（黃色）…200g
白湯（P.199）、高湯（P.198）…各 120g
老酒…20ml
鹽、胡椒…各少許
太白粉溶液…適量
雞油、蔥油…各 2 大匙
芥菜…4 顆
火腿（金華火腿）…12g

＊魚鰾
這是將魚類特有的浮袋器官乾燥而成的食品。魚的種類非常多，玳瑁色且厚度足夠、有光澤的方為上品。此處以溫水浸泡一整天來泡發之後開火，在沸騰前就關火靜置至冷卻。重複此步驟數次，便能夠使它回到適當的柔軟度，之後再行使用（照片左方是泡發後；右邊是泡發前）。

烹調方式

1 準備好泡發的魚鰾＊，切成容易食用的大小（4 ～ 5cm 塊狀）。
2 將步驟 1 的材料放入熱水中汆燙一下使其溫熱（a），先放到托盤上。
3 將高湯與白湯放入鍋中混合煮沸，倒進步驟 2 的魚鰾容器當中（b），蓋上保鮮膜，在已經充滿蒸氣的蒸籠裡蒸 20 ～ 40 分鐘左右（c）。
4 製作「醬料」。將黃色的西葫蘆連皮磨泥（d）。
5 在鍋裡放入蔥油，將步驟 4 的西葫蘆加進去之後開火（e），拌炒到有些呈現濃稠狀。
6 將步驟 3 的蒸湯過濾倒進步驟 5 的鍋子裡。等到沸騰之後（f）蓋上鍋子以大火加熱煮沸（g）。
7 等到步驟 6 煮成濃稠狀之後便以濾網過濾（h）。
8 將步驟 3 的魚鰾放入步驟 7 的湯中（i），添加老酒、鹽、胡椒來調味（j）。
9 從步驟 8 的鍋中取出魚鰾，將剩下的湯不斷燉煮到成為糊狀（k），再加太白粉溶液勾芡，最後淋上雞油。
10 將芥菜放入添加了少許鹽與油的熱水中汆燙，取出後以添加了鹽、雞油的湯稍微調味，然後瀝乾。
11 將魚鰾、步驟 10 的芥菜都擺盤盛裝好，淋上步驟 9 的湯（l），另外擺上切成薄片的火腿（金華火腿）。

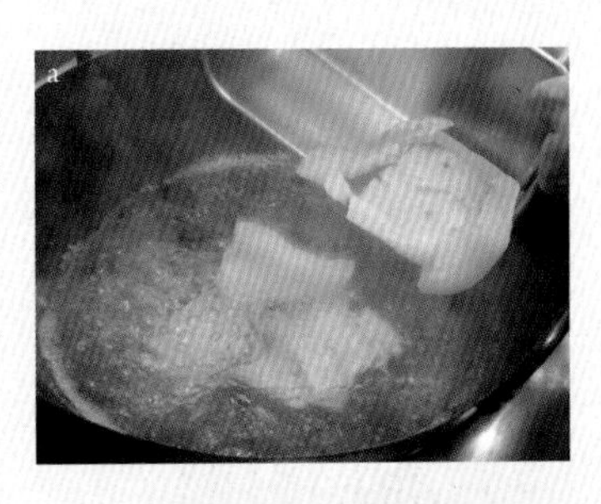

魚鰾含有膠質，一旦冷卻就會變硬，因此要先燙一下維持溫熱，再進行烹調。

以含有大量膠原蛋白的白湯與高湯來蒸煮魚鰾，做成一道營養豐富的料理。蒸的時間要看魚鰾的硬度。要蒸到適當的軟硬度。

◆製作「醬料」

使用網目較細的磨泥器來將西葫蘆連皮磨成泥，然後加進湯中製作金黃色的醬料。

白湯和高湯等富含膠原蛋白的湯，只要蓋上蓋子用大火一口氣煮沸，油脂和膠原蛋白都會乳化成為一片白，而能做出口味溫和的湯品。

將西葫蘆泥過濾放進高湯時，一邊以橡膠刀擠壓，便能將湯汁完全榨進去。

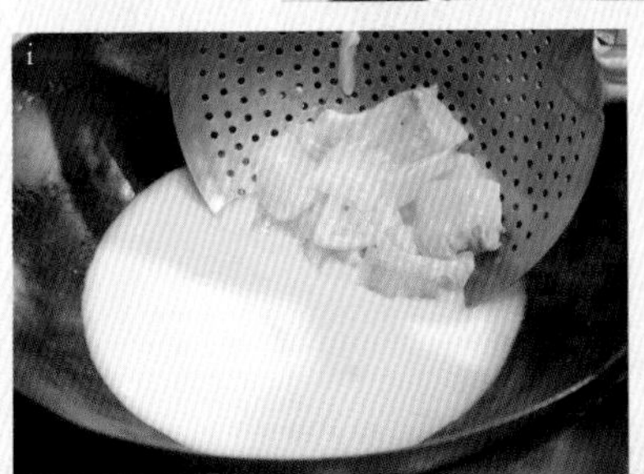

將蒸熟的魚鰾放回黃金色的湯中，以老酒、鹽、胡椒來調味。基本上為了發揮出素材原有的濃郁感及美味，因此調味要控制在最小限度。

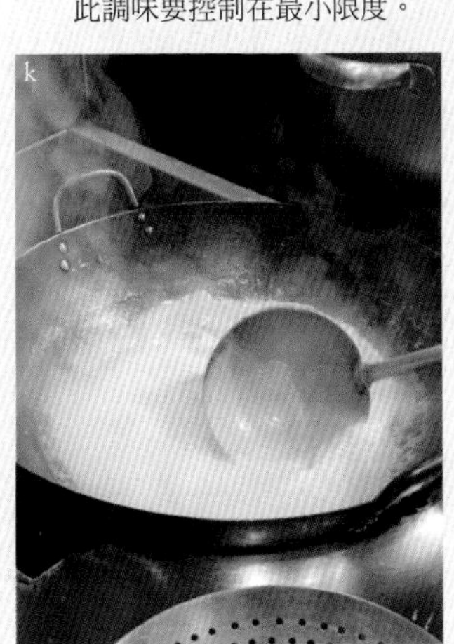

最後以大火燉煮增加濃度，做成較為濃厚的湯品。添加一點太白粉溶液，並以雞油增添香氣。

擺上青菜（芥菜）做為色彩妝點，淋上金黃色的湯汁，最後擺上金華火腿作為裝飾，同時增添一些鹹度及鮮味。

酸湯脆皮海參

大海參油炸到酥脆　搭配四川醃瓜醬料

材料 4 人份
豬婆參（將乾燥海參泡發）＊…300g
白湯（P.199）、高湯（P.198）…各適量
冬瓜…120g

◆醬料

白湯（P.199）…280g
高湯（P.198）…280g
蔥油…2 大匙
芥菜泡菜（切絲）…40g
生薑泡菜（切絲）…20g
小米椒（P.203）泡菜…4 條
鹽…少許
胡椒…稍多
老酒…20ml
醋…40ml
太白粉溶液…適量
雞油…2 大匙

＊海參（乾燥海參）泡發方式
先以水洗海參，去掉表面的沙子，然後放到有大量水的鍋子中並開火，在沸騰前就關火，直接靜置冷卻一晚。重複此步驟 2～3 次泡發以後剖開海參，將肚內清乾淨以後以水清潔。再次放到有大量水的鍋子中並開火，在沸騰前就關火，直接泡在水中冷卻一晚。等到大小恢復到乾燥時的 2～3 倍，就浸泡在冷水當中放在冰箱冷藏庫保存。

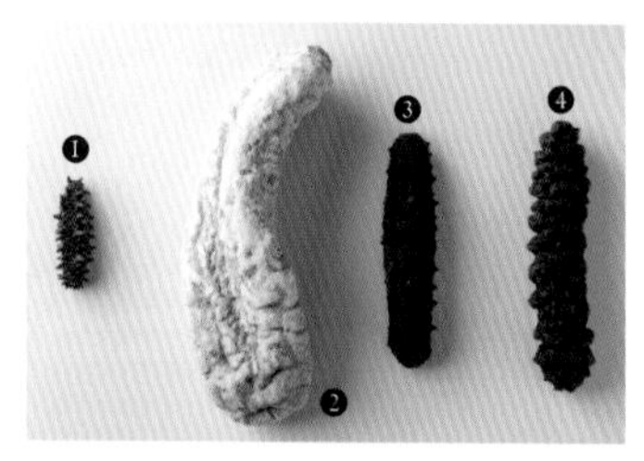

＊海參
「豬婆參」❷又被稱為白石參，是南洋產的白色海參中特別大的品種。在中國是把日本產的小型海參乾燥品視作最高級、非常珍貴，因為有刺所以被稱為「刺參」❶。另外沒有刺的海參被統稱為「光參」❸。梅花參❹則生長於熱帶海洋的珊瑚礁。價格比較便宜。

烹調方式

1 「將乾燥海參泡發」。將海參放在網子上燒烤，務必使表面完全炭化（a、b）。
2 將步驟 1 的海參泡在冰水當中，以小型菜刀將表面燒焦部分削掉（c）。之後以一般泡發海參的方式處理即可（※d）。
3 將步驟 2 的海參快速汆燙後放入容器當中，倒入混合等量高湯與白湯混合的湯頭，放進蒸籠裡蒸煮約 30 分鐘。
4 將步驟 3 的容器由蒸籠中取出，拿出海參並以廚房紙巾擦乾，將整條海參塗滿醋（e）。蒸湯先放在一旁。
5 將冬瓜切成容易食用的大小之後削掉薄薄一層外皮，快速汆燙一下。
6 製作「醬料」。在鍋中加熱蔥油，添加泡菜類翻炒後（f），放入步驟 4 的蒸湯以及步驟 5 的冬瓜。沸騰之後撈掉雜質，裝進容器當中（g），並放進已經充滿蒸氣的蒸籠裡蒸。
7 將步驟 6 的材料放入鍋中，煮開之後撈掉雜質（h），以中火熬煮到剩下 2/3 的量。
8 過濾步驟 7 的材料（i），將湯汁放回鍋中。裡面的泡菜和冬瓜先放在一邊。
9 將步驟 8 的鍋子再次點上火，煮開之後撈掉雜質，以大火一口氣熬煮到剩下 2/3 的量。
10 最後添加一些鹽、老酒，灑上大量胡椒，並以太白粉溶液勾芡。最後淋上一點雞油添加風味（j）。
11 將步驟 4 的海參放在炸網上，將高溫油淋上去，把整體炸到酥脆。然後切成 4 等份。
12 將步驟 8 的泡菜與冬瓜各自盛裝到盤上，倒進步驟 10 的醬料。將步驟 11 的海參擺上去，最後放些小米椒的泡菜。

◆製作「醬料」

一開始先用蔥油拌炒泡菜帶出香氣之後再使用，完成的餐點會更加美味。

醬料基底是含有大量膠原蛋白的白湯與高湯，因此在鍋裡長時間加熱會導致燒焦，所以由鍋子移到容器當中，以蒸煮的方式來使材料入味。

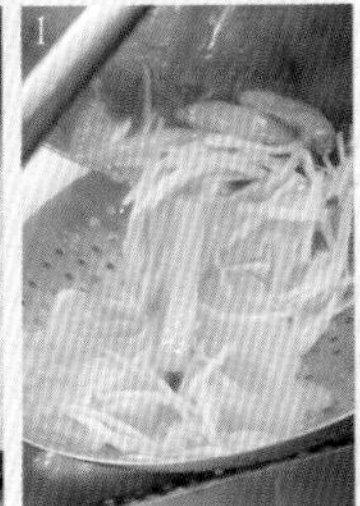

將蒸煮的湯與材料一起放到火上，煮開之後撈起雜質，熬煮到剩下2/3，然後再把材料和湯頭過濾分開。

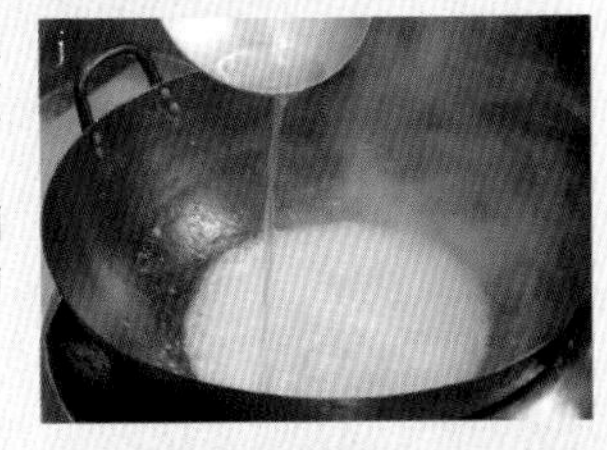

熬煮過的湯頭開大火一口氣熬煮，讓湯頭乳化成為濃稠狀。此時添加鹽、老酒調味，再灑上大量胡椒，最後淋上雞油。

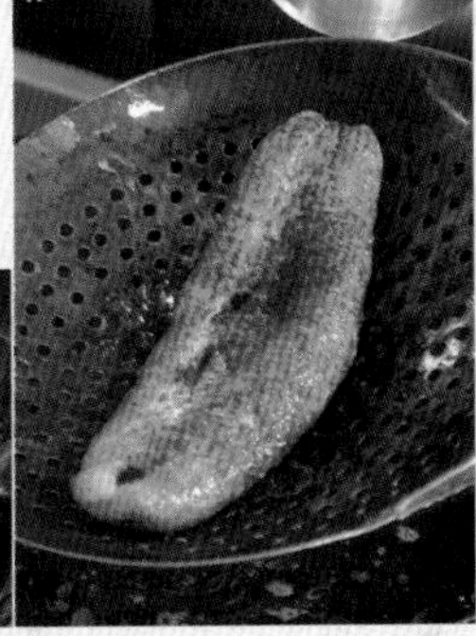

以高溫炸油淋在海參兩面上來油炸。油溫大致上是將油淋到海參上時，表面會發出啪滋爆裂聲的狀態，一直炸到海參變得香脆。

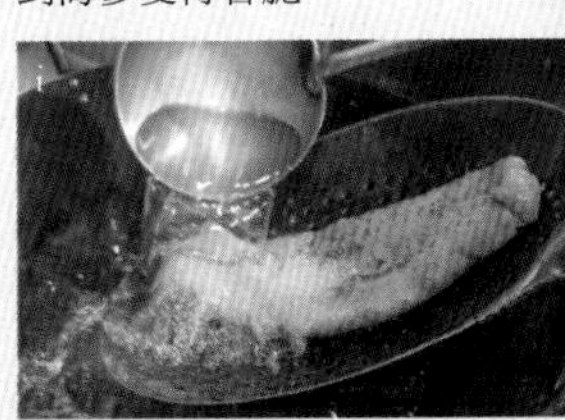

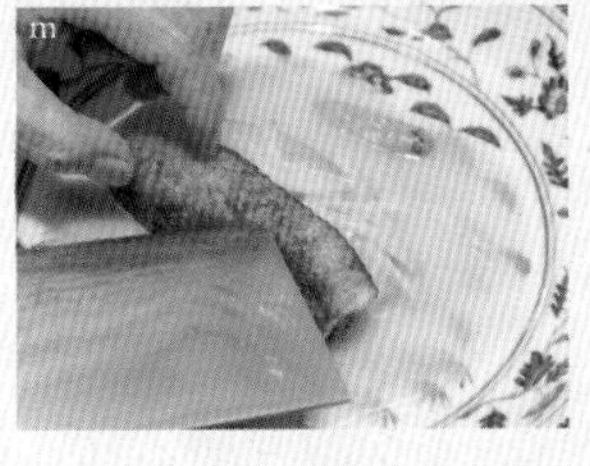

將使用醬料煮過的泡菜及冬瓜等盛裝到盤上，倒進濃厚的湯頭。最後擺上大小切成容易入口大小的海參。

◆泡發「乾燥海參」

像「豬婆參」這樣的特別大的海參，皮非常厚且堅硬，因此泡發的方式會與一般的海參有些不一樣。在以水泡發之前，先讓海參表面烤到完全變黑（炭化）。這時候如果烤的程度不夠，就會有皮留下來，因此確實燒烤是非常重要的。

將黑成焦炭樣子的海參泡在水中，同時以菜刀前端等將燒焦的皮給仔細削下來。

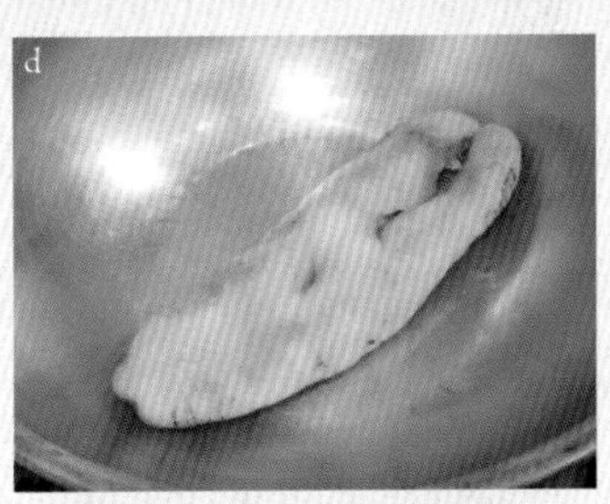

去掉皮的海參就以與一般海參一樣的方式泡發。將泡發的海參泡在冷水裡、放進冰箱冷藏庫保存，每天更換水的話就可以放一星期左右。

將海參表面塗一層薄薄的醋再油炸，就能讓表面變得非常酥脆。

參杞醪糟肉鰻

藥膳紅燒鰻魚包料與豬肉

材料 15 人份

◆藥膳燉五花肉

帶皮五花肉…1.2kg

焦糖（P.200）…適量

油…適量

蔥（綠色部分）…1 支量

生薑…1 片

枸杞老酒＊…250ml

A

醬油…100ml

鮮湯（P.198）…1250ml

冰糖…85g

鹽…8g

焦糖（P.200）…50ml

醪糟…100g

老抽（中國醬油）…8ml

茅台酒＊…10ml

高麗人參…1 支

八角…2 個

桂皮…1 片

紅棗（泡發的棗子）…16 個

◆包餡鰻魚

鰻魚（中）…1/2 尾

山藥…適量

藥膳燉五花肉的滷汁…適量

◆醬料

藥膳燉五花肉的滷汁…適量

老抽（中國醬油）、太白粉溶液、醪糟、茅台酒、中國黑醋…各少許

雪維菜、高麗人參切片…各少許

醪糟…少許

＊枸杞老酒

將枸杞果實 40g 放入老酒 400ml 當中浸泡一至二星期以上。這裡我使用的是浸泡一個月以上的老酒。

＊茅台酒

是中國非常具代表性的酒，是一種以高粱、米、小麥等為原料製作的白酒（蒸餾酒）。特徵是有著如焦糖般的香氣。名稱是來自製作這種酒的地方，也就是位於貴州省西北部的茅台。

烹調方式

1 製作「藥膳燉五花肉」。將帶皮的五花肉以廚房紙巾包裹放進容器當中，包上保鮮膜放進蒸烤爐裡（85℃、90 分鐘）加熱（a）。

2 將步驟 1 的五花肉取出擦乾，將皮的部分塗上焦糖。皮朝下放在炸網上（b），以高溫炸油將皮炸到呈現焦糖色（c）。冷卻之後將肉那面切平，然後切成 3cm 方塊。

3 製作滷汁。將油放入鍋中，長蔥及生薑先以菜刀敲打過，放下去翻炒。等到香氣飄出，就加入枸杞老酒＊以大火加熱（d）。

4 將 A 的材料依序加入步驟 3 的鍋中（e），煮開以後將步驟 2 的豬肉放入（f）。撈起雜質以後，放上較小的鍋蓋以小火烹煮約 90 分鐘（g）。

5 製作「包餡鰻魚」。準備好已經去掉黏液且把內臟掏空的鰻魚。將魚頭剁掉以後把魚身切成 3cm 寬。

6 準備好熱水，把步驟 5 的魚肉迅速氽燙一下（h）放入冰水中，洗掉髒汙。

7 將步驟 6 的魚肉放進容器當中，然後把步驟 4「藥膳燉五花肉」的滷汁過濾倒進去（i），包上保鮮膜，放進蒸烤爐當中（85℃、40 分鐘）。

8 將山藥切成 5cm 長 7mm 寬的方形棍狀。在鍋裡抹些油來煎山藥，表面稍微有些焦色之後就取出（j）。

9 將步驟 7 的鰻魚從容器中取出並去骨，以步驟 8 的山藥塞進去取代魚骨（k）。

10 將步驟 9 的鰻魚放進盛裝步驟 7 滷汁的容器當中，整個放到蒸烤爐（85℃、5 分鐘）中重新加熱。

11 製作「醬料」。在鍋裡熱油，放入「藥膳燉五花肉」的滷汁，沸騰以後放入過濾的醪糟，並添加茅台酒、中國醬油。最後以太白粉溶液勾芡，並添加中國黑醋（l）。

12 將步驟 4 的「藥膳燉五花肉」與步驟 10 的「包餡鰻魚」盛裝到盤上，淋上步驟 11 的醬料（m）。最後放上使用步驟 4 中熬煮的高麗人參切片、溫熱的醪糟、雪維菜作為裝飾上菜。

◆製作「包餡鰻魚」

將切成塊狀的鰻魚快速的汆燙一下，去掉黏液以及腥味等。此時如果用高溫滾煮的話皮會有些噴油，還請小心。

將鰻魚放到容器當中，將藥膳燉五花肉的滷汁倒進去，以蒸烤爐加熱，使鰻魚具有柔軟口感。

將山藥切成棍狀、取代鰻魚的魚脊骨。這樣將切成塊狀的鰻魚放入口中時，會給人一種「裡面放了山藥！」的驚喜。山藥先烤出一點焦香。

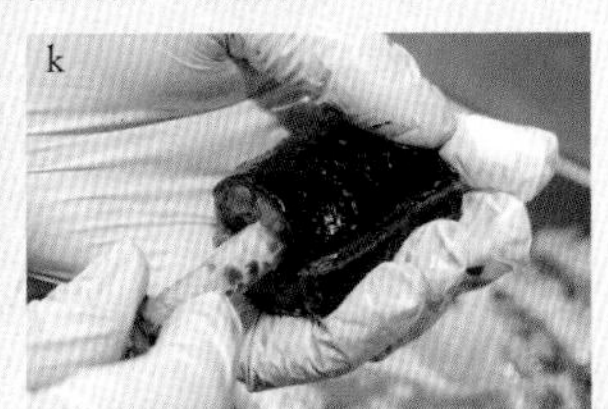

以手指輕輕將鰻魚魚脊骨推出，然後把切成棒狀的山藥塞進去，取代魚脊骨的位置。

◆製作「醬料」

在鍋裡熱油，加入「藥膳燉五花肉」的滷汁，沸騰之後添加醪糟、茅台酒，最後加些中國醬油增添顏色。以太白粉溶液勾芡，最後添加一點中國黑醋打造出溫和口味。

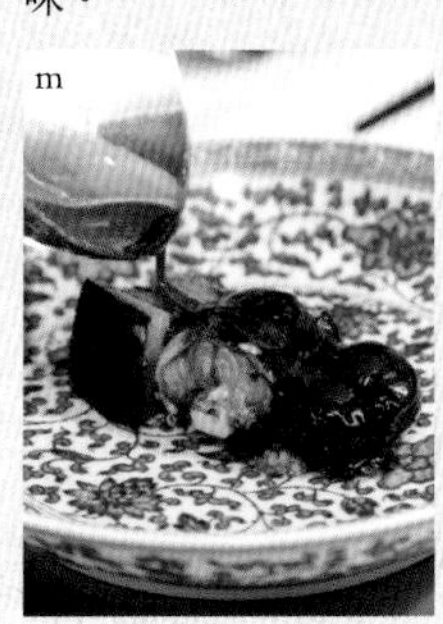

將「藥膳燉五花肉」與「包餡鰻魚」盛裝到盤上，淋上醬汁。最後放上料理當中使用的醪糟、枸杞、高麗人參片作為裝飾。展現出料理當中使用的材料。

◆製作「藥膳燉五花肉」

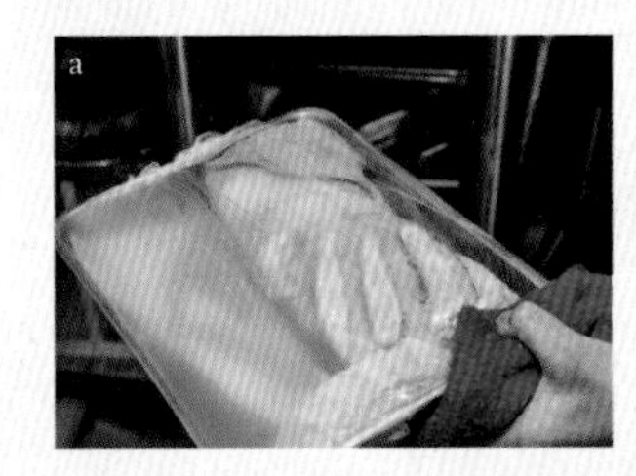

將帶皮五花肉放進蒸烤爐的時候，將皮那面朝下加熱，就能夠烤得比較漂亮。

將焦糖塗在五花肉的皮那面，以高溫油炸為其添加香氣。將皮那面朝下放在炸網上，只用高溫炸皮的部分。中途如果噴油會非常危險，因此最好可以蓋著鍋蓋進行。

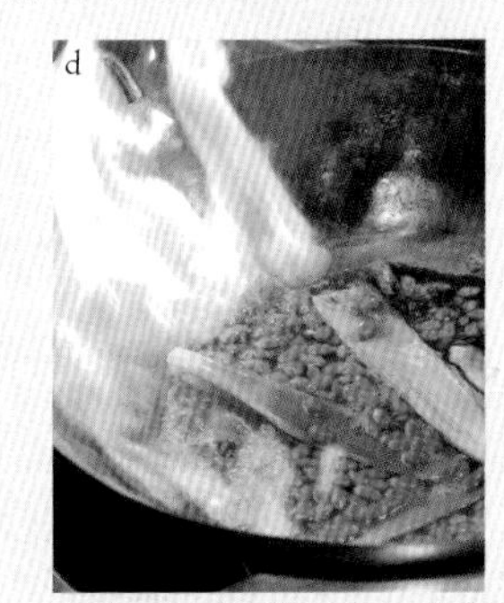

製作滷汁。先將蔥及生薑爆香以後，將枸杞老酒連同浸在當中的枸杞加進去並開大火，燒掉酒精成分。枸杞有滋補身體、抗老化的功效，也是漢方藥當中非常重要的材料。

將醪糟加在滷汁當中是非常重要的一點。這樣能夠做出比砂糖更加甘醇的甜味，而且因為是發酵過的食品，也更能增添風味。

另外再加入高麗人參、紅棗、辛香料等。都放進非常滋養的滷汁當中。將已經切成容易食用大小的豬肉放進去，蓋上較小的鍋蓋以小火慢慢熬煮。

魚香酥皮兔糕

油炸網油包兔肉泥與夏威夷豆　魚香醬汁

材料 4 人份
兔肉＊（切成 1.5cm 塊狀）…60g
兔肉＊（剁碎）…80g
豬背油…30g
蛋白…20g
玉米粉…12g
A
鹽…1.6g
胡椒…少許
老酒…4g
蔥薑水（P.016）…10g
太白粉…8g
夏威夷豆（烘烤）…40g
網…60g
鹽、胡椒…各少許
白酒…3g

◆魚香醬
辣椒泡菜（紅、黃）…各 16g
生薑泡菜、火蔥泡菜…各 16g
B
鹽…2.4g
砂糖…24g
老酒…12g
黑醋（老陳醋）…16g
兔肉湯＊…36g

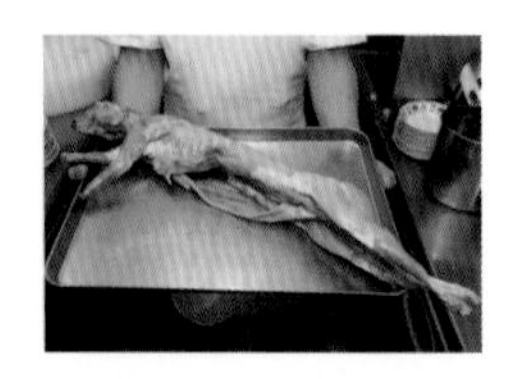

＊兔肉
清淡且沒有腥臭味，營養方面也是高蛋白、低卡路里，是非常優秀的食材。照片裡的兔子是秋田產（約 2kg）。

＊兔肉湯
將兔子骨及筋的部分添加蔥、生薑、水之後蒸出來的湯汁。

烹調方式

1 將烤過的夏威夷豆每個都切成 1/4。
2 將豬背油切成 5mm 塊狀，與蛋白加在一起，以食物攪拌機打成泥狀，然後加入兔肉（剁碎），並加入 A 攪拌。
3 將步驟 2 的材料移到大碗中，添加兔肉（切為 1.5cm 塊狀的部分）攪拌在一起，靜置 1 小時左右使其入味（a）。
4 將步驟 3 的材料加入步驟 1 的胡桃混在一起（b）。
5 網油迅速洗一下擦乾，使用鹽、胡椒、白酒，以手揉捏網油來調味。
6 將步驟 5 的網油打開一半，放上步驟 4 材料的一半量之後由兩邊向內摺，然後翻一圈包起（c、d）。剩下的也用一樣的方法處理。
7 將步驟 6 的材料放在托盤上、蓋上蓋子放進蒸烤爐裡（64℃、90 分鐘）加熱後取出，靜置冷卻（e、f）。
8 混合蛋白與玉米粉製作麵衣，將步驟 7 的材料灑上適量玉米粉（不在食譜分量內）後塗上麵衣（g）。
9 將步驟 8 的材料放進中溫油當中炸成酥脆狀態（h），取出之後將油瀝掉。
10 製作「魚香醬」。辣椒、生薑、火蔥的泡菜，全部都切絲（i、j）。
11 將 B 拌在一起，添加兔肉的湯之後放在一旁（k）。
12 在鍋中熱油，放入步驟 10 的泡菜之後輕輕拌炒，然後將步驟 11 的材料也加下去炒（l）。煮開之後淋上太白粉溶液稍微勾芡。
13 將步驟 9 中炸好的捲子切成容易食用的寬度，盛裝於盤上，將兔子骨頭插上去作為裝飾（m）。淋上步驟 12 的魚香醬之後上菜。

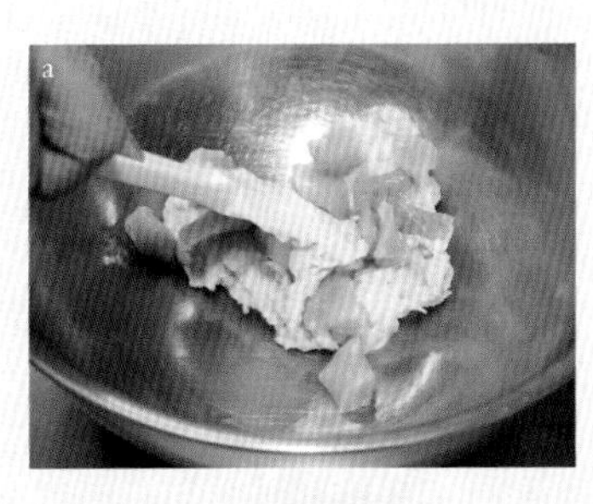

將泥狀兔肉加上切成塊狀的背肉（筋較少的部位），這樣就能享用到兔肉原有的味道與顏色、口感。

將油分豐富且口感良好的夏威夷豆也添加進去，能更增添濃郁感、使人吃上癮。

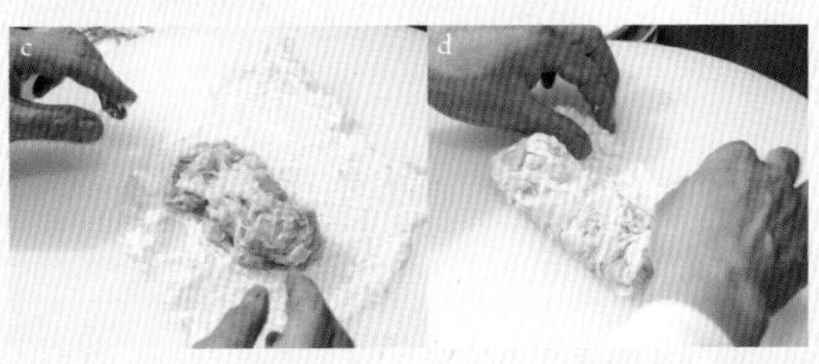

以網油包起來，除了調整形狀以外，也能讓清爽的兔肉添加一些濕潤的油脂及濃郁感。

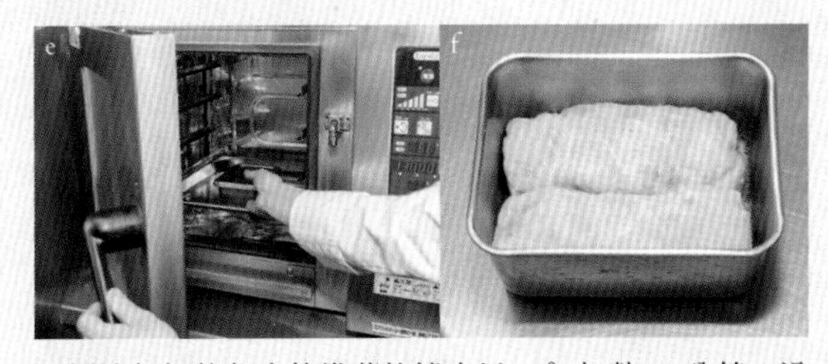

以網油包好的兔肉放進蒸烤爐中以 64℃加熱 90 分鐘。這樣能讓中心也熟透，且仍有濕潤的口感。

麵衣是蛋白和玉米粉混合製成。沾附麵衣前先在整體灑上一些玉米粉，麵衣就會包裹得比較完整。

由於中間其實已經熟了，因此使用中溫油炸，等到表面變硬以後再淋上高溫（約 250℃）炸油，就能打造出酥脆口感。

◆製作「魚香醬」

使用在魚香醬上的泡菜。這裡使用的是紅色與黃色辣椒、生薑、火蔥的泡菜。泡菜先切絲，就能做出清爽口味。如果希望能有較濃厚的口味，也可以剁碎使用。

將魚香醬的調味料混合在一起，添加兔肉湯。兔肉湯是用兔子骨及筋的部分加上蔥、生薑、水蒸煮出來的湯頭。

用來搭配醬料的調味料，添加之前一定要攪拌均勻之後再添加進去。

將炸好的肉捲插上兔子骨頭，展現出這是一道兔子料理。

鮮玉米苞

棗子餡的新鮮玉米餅

材料 15 個分

A

玉米粒…45g
細砂糖…12g
玉米油（或者白芝麻油）…5g

無筋麵粉…12g
熱水…18ml
糯米粉…25g
玉米粒…1/2 支量
棗子餡（蜜棗）※…45g
玉米鬚及皮…各適量
太白粉…適量

◆棗子餡

材料（容易製作的分量）
棗子醬…200g
細砂糖…20g
低筋麵粉…10g
玉米粉…10g

1 將所有材料放入大碗中，以打蛋器攪拌均勻，然後放進有氟素加工的鍋裡並開火。
2 將步驟 1 的鍋子以小火加熱，注意中途絕對不可以燒焦，要一直用橡膠刮刀攪拌，一邊以小火熬煮。如果變成柔軟而不帶粉感、且出現光澤就可以關火。

＊棗子醬

使用被稱為哈密棗、產於新疆維吾爾，果肉厚又大顆的棗子，讓棗子泡在水中稍微露出來，浸泡一晚之後蒸 1 小時，去除種子以後以濾網壓碎的果肉。

烹調方式

1 將 A 放入攪拌機中攪拌，打成泥狀。
2 在較小的碗中放入一些無筋麵粉，添加熱水快速拌一拌，連同碗翻過來保溫。
3 將步驟 1 的材料放入碗中，添加一些糯米粉（a）攪拌之後，把步驟 2 的麵粉也加進去，一直揉捏到成為柔軟狀態（b）。
4 將步驟 3 的麵團放在灑好太白粉的檯面上，將麵團延展成棒狀（c），切成 15 等分，一團約 8g（d），將切口朝下放置。
5 以手取步驟 4 的麵團，拇指往中間壓下去，一邊轉麵團使其展開成為橢圓形（e）。
6 將棗子餡 ※3g、玉米粒 3g 放到麵皮上（f），對半直摺將麵皮閉合，以手稍微搓一下（g）並調整成類似玉米的錐狀（h）。
7 以小型菜刀在步驟 6 的麵團上加上縱橫交錯的線條（i、j）。
8 將玉米皮切成適當大小，並放上一些玉米鬚（k、l）將步驟 7 的麵團放上去包起來（m）。
9 將步驟 8 的材料放進充滿蒸氣裡的蒸籠蒸大約 5 分鐘。

製作帶有玉米風味的麵皮。將玉米、油、細砂糖打成泥狀，再添加糯米粉以手揉麵。

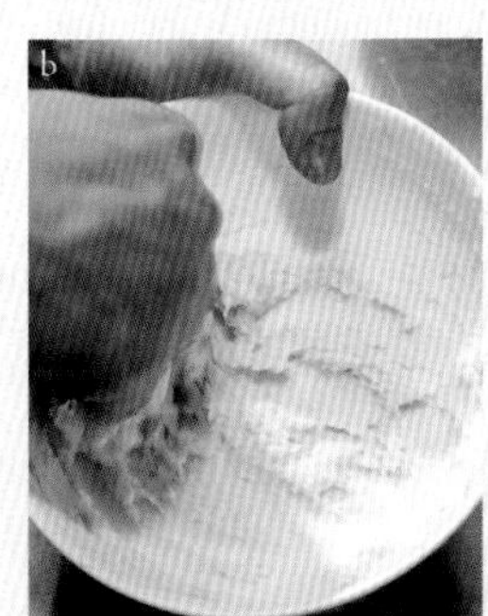

最後添加無筋麵粉以手揉麵。無筋麵粉是精製過的小麥粉澱粉，只要添加一些到麵團裡，就能增添彈性及口感。

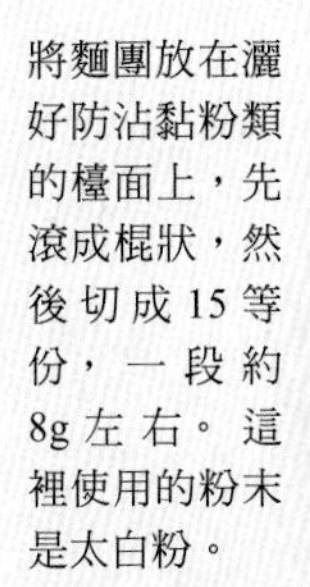

將麵團放在灑好防沾黏粉類的檯面上，先滾成棍狀，然後切成15等份，一段約8g左右。這裡使用的粉末是太白粉。

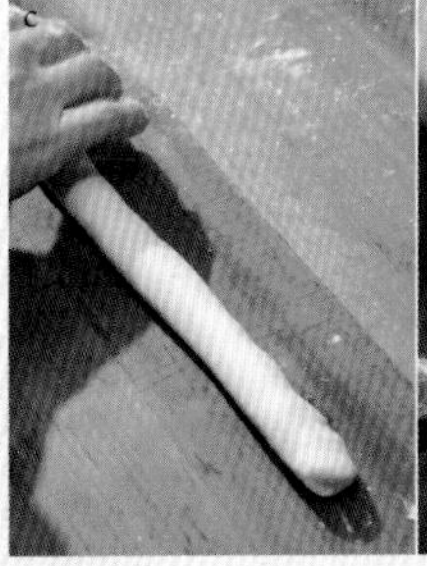

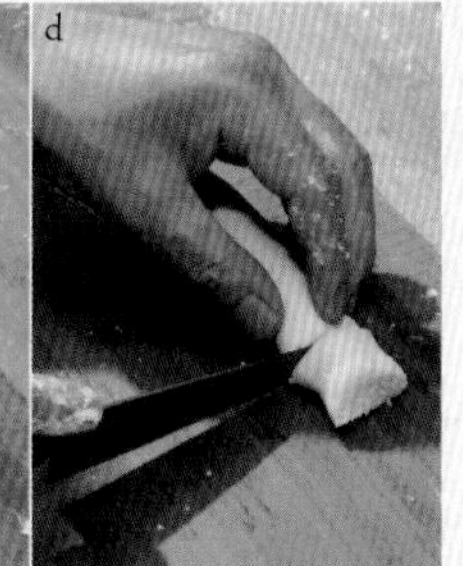

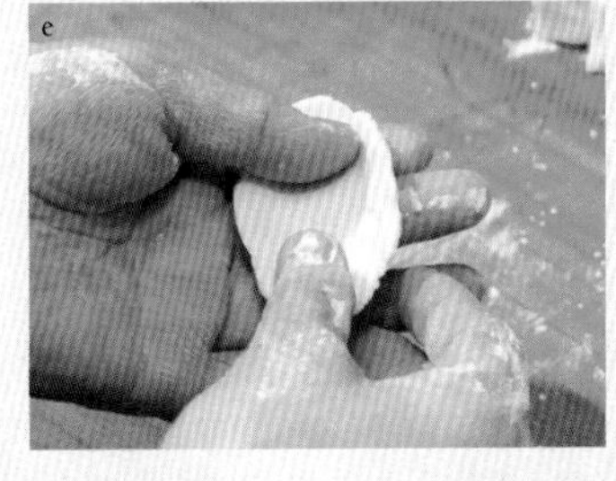

將麵團壓成橢圓形。這時候請用手指壓著麵團的正中央，然後慢慢旋轉推開麵團。

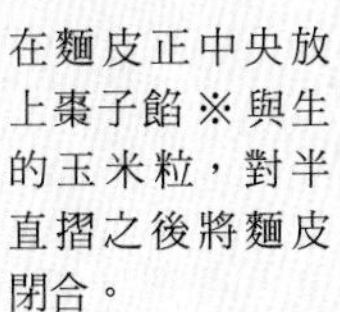

在麵皮正中央放上棗子餡※與生的玉米粒，對半直摺之後將麵皮閉合。

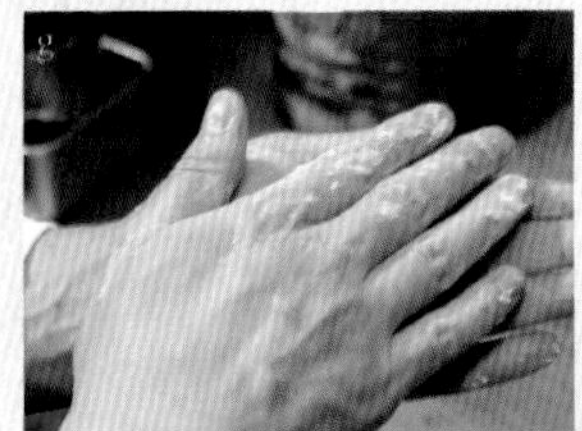

將手掌合在一起做出一個空洞，在手掌之間夾著麵團轉，調整成玉米的樣子。

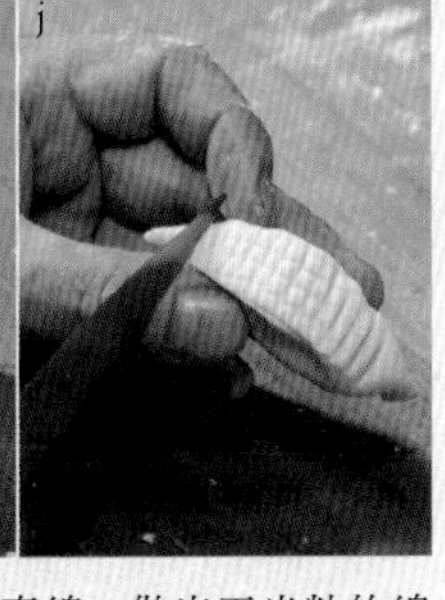

以小型菜刀背面劃上直線，做出玉米粒的線條。然後也劃上橫線，打造出玉米顆粒的樣子。

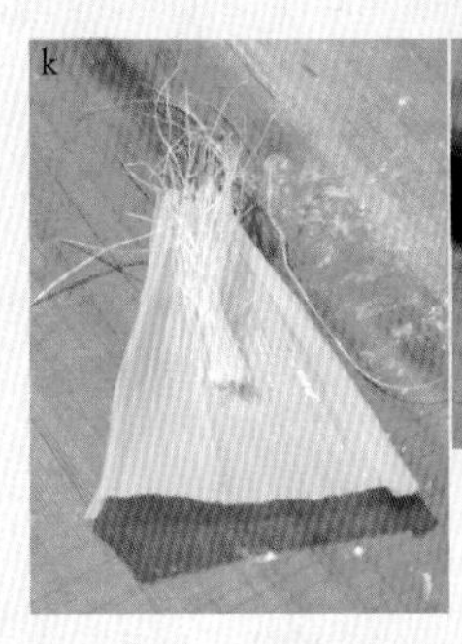

將玉米皮前端切下，並且將玉米鬚放在皮上露出來一些，放上玉米餅麵團後包起來。

乍看之下就像是玉米的迷你模型。連細節的部分都重現了。

椒鹽鮑魚粽子

鮑魚粽子　搭青山椒香氣

材料 約 18 顆量
鮑魚…1 個（350g）
老酒…少許
糯米…60g
薏仁…12g
青山椒＊…40 顆
鹽漬豬背油＊…20g
◆醬料
油…18g
鮑魚肝…10g
豆瓣醬…6g
豆豉（剁碎）…1.5g
生薑（剁碎）…1g
大蒜…1g
醪糟…6g
竹葉…8 片
藺草…4 支

＊青山椒
在青山椒果實尚綠時就採收下來。特徵是有著清爽的香氣及辛辣味。這裡使用的是四川省產的青山椒（冷凍）。將當中的黑色種子取出之後再行使用。

＊鹽漬豬背油
被稱為「醃豬油」，是將豬背油重量添加 3% 的鹽、1% 的砂糖、2% 的白酒、以及少許花椒浸泡 2 週製作而成。

烹調方式

1 將糯米與薏仁放在水中浸泡一晚。
2 將鮑魚連著殼抹鹽清洗之後灑上些許老酒，使用蒸烤爐（85℃、20 分）加熱。
3 將步驟 2 的鮑魚從殼上取下（a），把肉和肝分開。肉把鰭邊切下來之後切成一口大小（b）。肝則以菜刀拍成泥狀（c）。
4 製作「醬料」。在鍋中熱油，放入豆瓣醬、醪糟拌炒，帶出香氣之後添加大蒜、生薑、豆豉、蝦乾以小火拌炒。最後將步驟 3 的鮑魚肝一起加進去拌炒（d）。
5 將鹽漬豬背油切成 1cm 塊狀，以熱水汆燙一下（e）。
6 將油放入鍋中加熱，把步驟 5 的豬背油放進去輕炒一下，添加青山椒翻炒帶出香氣（f）。
7 將步驟 1 的糯米及薏仁瀝乾之後添加到步驟 6 當中，以小火拌炒到材料與油差不多拌在一起（g），之後起鍋分為 4 等份。
8 「包粽子」。將兩片竹葉稍微疊在一起拿著（h），做成一個三角形的袋子（i）。依序將步驟 7 材料的一半→步驟 3 的鮑魚肉→步驟 7 剩下的材料放進去（i），把竹葉包起來（k），並以藺草將步驟 8 的粽子綁起來（l）。
9 將步驟 8 的粽子放進容器當中，加入熱水到粽子會稍微露出來的程度，包上保鮮膜，放進充滿蒸氣的蒸籠當中蒸約 1 小時（m）。取出之後靜置約 1 小時。
10 將步驟 9 的粽子取出，吊起來靜置 1 小時（n）。
11 重新蒸過加熱步驟 10 的粽子，盛裝於容器上，並且附上步驟 6 的醬料上菜。

◆「包粽子」

如同照片所示的方式拿，2片竹葉要稍微重疊，由兩端彎摺起來，做成一個三角形的袋子。

將鮑魚做為中心，把料塞進袋子裡。由於之後吸了水分會稍微膨脹，因此要留心不能塞得太多。

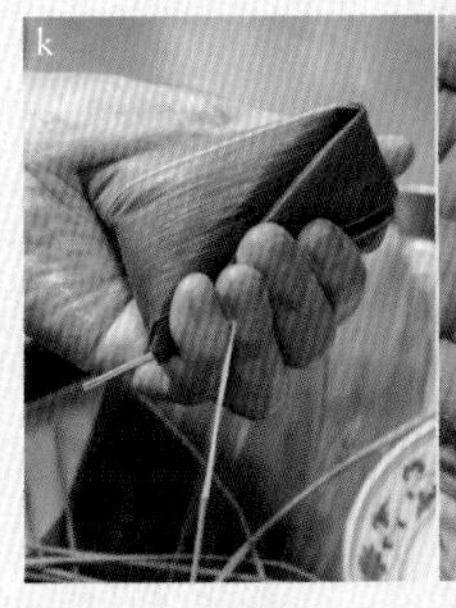

將竹葉摺起來調整成三角形，由邊緣纏繞藺草。繞到最後再把藺草摺起來塞進去。

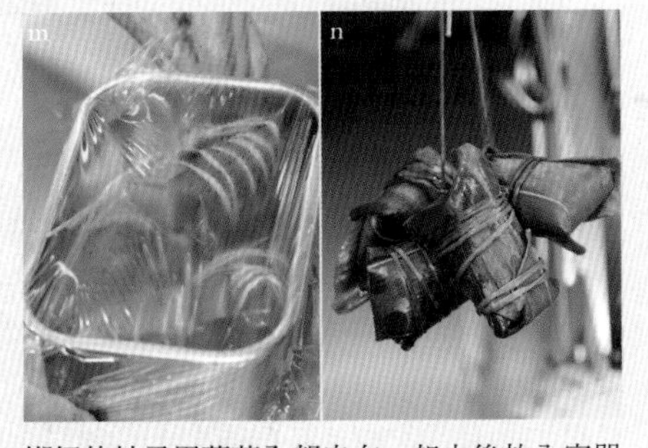

綁好的粽子用藺草全部串在一起之後放入容器當中，倒熱水進去。蒸好之後拿出來，直接靜置1小時。然後吊起來風乾直到皮的表面乾燥，去除多餘水分。

鮑魚有著非常特別的嚼勁感、肉也非常結實，每次咬下都能感受到海味鮮甜香氣在口中散發開來。肝是稍帶苦澀的甜味。使用蒸烤爐就能使鮑魚的熟度剛剛好。

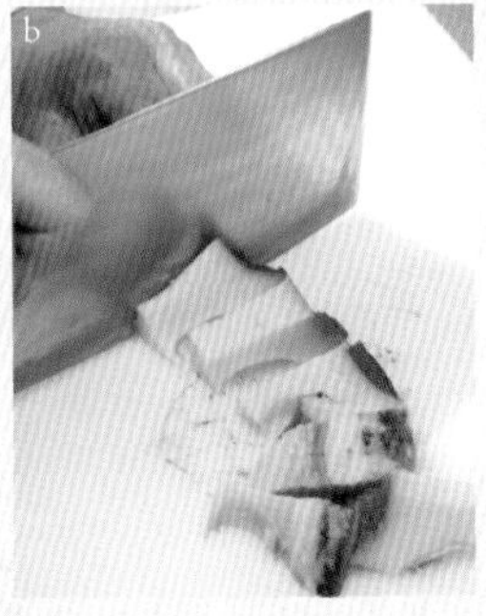

將鮑魚的鰭邊切下，肉身則直切之後再各切為4等份。

鮑魚的肝也非常重要。肝要先用菜刀刀腹壓扁，然後再用刀工剁成泥狀。

◆製作「醬料」

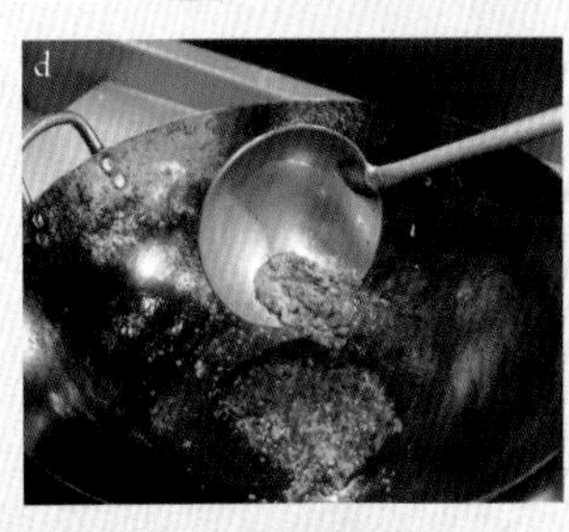

鮑魚肝的味道苦甘又濃郁，魅力十足，最後添加在醬料當中更能發揮其風味。

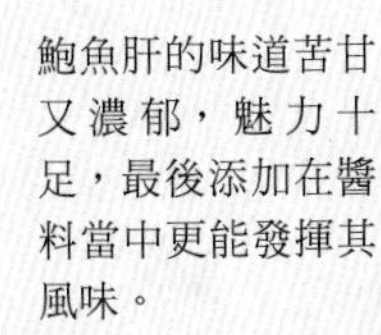

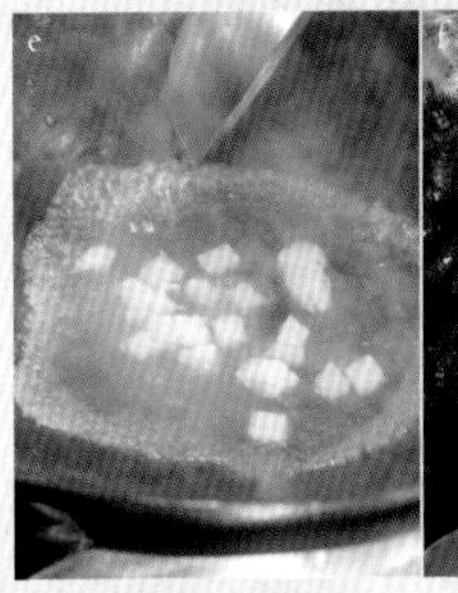

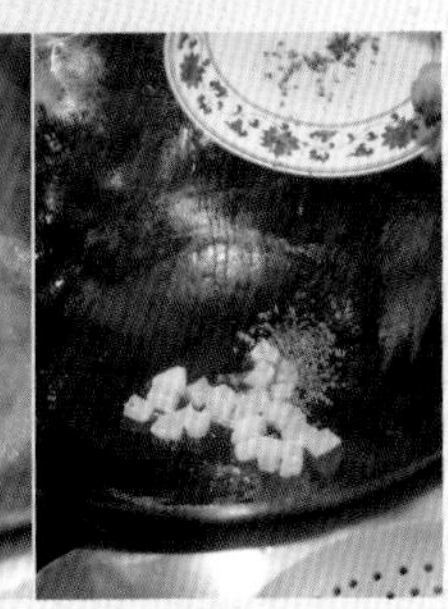

將鹽漬豬背油快速地汆燙一下，去掉多餘鹹味及腥臭之後，再添加香氣十足的青山椒。

加在糯米和薏仁裡的料，先用油炒一下就能蒸發多餘水分，這樣之後蒸起來的口感就不會太過黏膩。

荷葉香老成都湯圓

老成都式湯圓　搭蓮葉清香

材料 約 18 顆量
蓮芯茶＊…30ml
醪糟（P.016）…30g

◆麵團
A
- 無筋麵粉…15g
- 荷葉茶（蓮花的葉茶）＊…22.5ml

B
- 湯圓粉…75g
- 荷葉茶（冷卻的蓮花葉茶）…55ml
- 細砂糖…35g
- 豬油…17.5g

◆餡料
C
- 黑砂糖…37.5g
- 黃豆粉（炒過）…12.5g
- 磨碎的芝麻（炒過）…12.5g
- 花生粉（炒過）…12.5g
- 奶油…30g

烤過的胡桃（拍碎）…25g
粗鹽…1g
荷葉茶（蓮花葉茶）碎冰…適量

＊蓮芯茶
這是用蓮子芯的部分乾燥後做成，特徵是苦味很強烈。被認為有調整自律神經、消除失眠的效果。此處使用適量熱水泡出「蓮芯茶」來使用。

＊荷葉茶（蓮花葉茶）
據說可促進新陳代謝、消除便祕與水腫、還有讓肌膚美麗的效果。此處使用蓮葉（乾燥）30g 以手撕碎後先泡過一次熱水然後把水倒掉，再重新加入 600ml 熱水來泡成濃茶使用（這是容易沖泡的分量）。

烹調方式

1. 將蓮芯茶（以蓮子芯製作的茶）放入茶碗中加入熱水泡（a），然後添加醪糟（b）。
2. 製作「麵團」。將 A 的無筋麵粉放入大碗當中，把熱騰騰的蓮葉茶＊一口氣倒進去（c）以手快速混合（d），將大碗翻過來使麵團在當中保持溫熱（e）。
3. 使用另一個大碗將 B 的湯圓粉放進去，添加冷卻的蓮葉茶＊之後揉麵（f），添加細砂糖、豬油（g）一直揉麵到麵團柔滑為止。
4. 將步驟 2 的麵團與步驟 3 的麵團混合在一起揉麵（h）。
5. 製作「餡料」。將 C 的材料放入大碗當中徹底拌勻。最後添加粗鹽和胡桃攪拌（i）。
6. 將步驟 4 的麵團分割成 1 個 12g；將步驟 6 的餡料分割成 1 個 8g，各自搓圓。
7. 將步驟 6 的麵團輕壓中心，使其出現一個凹洞（j），把步驟 6 的餡料放上去之後將開口閉合（k、l）。
8. 將步驟 7 的湯圓放進充滿蒸氣的蒸籠當中蒸約 6 分鐘。
9. 將步驟 8 的湯圓放進步驟 1 的茶中冷卻（m），將湯圓連同湯汁一起放進鋪了蓮葉的容器當中，並且擺上蓮葉茶的碎冰上菜。

將熱水用來蒸泡蓮芯茶，泡出帶微苦的茶湯，然後添加有天然甜味的醪糟。

在麵團當中加入無筋麵粉（精製過的小麥澱粉），口感會更好。重點就在於要拿來加在麵團裡的話，一定要添加熱騰騰的熱水（茶）。把大碗整個翻過來蓋住保溫，麵團就不容易乾燥。

麵團主要成分是湯圓粉。在此添加冷卻的蓮葉茶，添加清爽的香氣。為了讓麵團更加柔滑，因此添加豬油。

將分別準備好的無筋麵粉與湯圓粉麵團混在一起揉麵，製作湯圓的麵團。

◆製作「餡料」

胡桃要最後加進去，增添口感。另外原本應該要加豬油，此處改為添加現代風格的奶油（CALPIS 奶油）來提高風味。

用麵團包餡料。在麵團正中央以手指壓出凹洞，把餡料放進去以後一邊用左手壓著餡料一邊轉麵團，以右手將麵團闔起後，以兩手手掌搓圓。

將蒸好的湯圓，放進混合了蓮芯茶與醪糟的茶碗裡面冷卻。把湯圓連同湯汁一起盛裝到鋪了新鮮蓮葉的容器當中，最後點綴一點蓮葉茶的碎冰。

元寶酒香綠豆酥

綠豆什錦　搭配紹興酒與白巧克力香

材料 約18個分
綠豆（粉狀）…40g
糖粉…16g
蜂蜜…8g
椰子油…8g
◆醬料
白巧克力…25g
老酒（紹興酒）…5g

烹調方式

1　準備好已經處理成粉狀的綠豆（a、b、c）。
2　將步驟1的綠豆粉、糖粉都放進大碗當中（d），以手攪拌均勻（e）。
3　將蜂蜜、椰子油加入步驟2的大碗中（f），再繼續以手攪拌均勻（g）。
4　將步驟3的材料均勻等分放入模型中，各自以手指壓緊固定（h、i、j）。
5　將白巧克力與紹興酒一起隔水加熱融化，倒進步驟4的模型裡（k、l）。放進冰箱冷藏庫中冷卻使巧克力凝固。
6　從步驟5的模型中取下擺盤上菜。

將綠豆處理成粉狀。把綠豆浸泡在水中大約 6 小時之後，撈起來瀝乾，然後以蒸籠蒸 20 分鐘。再放進 140℃的烤箱裡約 25 分鐘，使其乾燥，然後以攪拌機打成粉狀。再多次以濾網壓碎過濾，做成顆粒差不多大小細碎的綠豆粉。

砂糖選擇顆粒較細、也容易融於口中的糖粉。以手將糖粉與綠豆粉攪拌均勻。

添加蜂蜜之後會比較濕潤、再加入椰子油可以增添油分，消除粉末感，口感會變得比較好，椰子的風味也是重點。

所有材料都加在一起，讓整體水分及油分達到均衡狀態。試著以手捏起來看看，如果能夠固結在一起就 OK 了。

由於水分很少，因此要用力壓進模型當中。請一個個放進去之後以手指用力壓好幾次，使其確實固結。

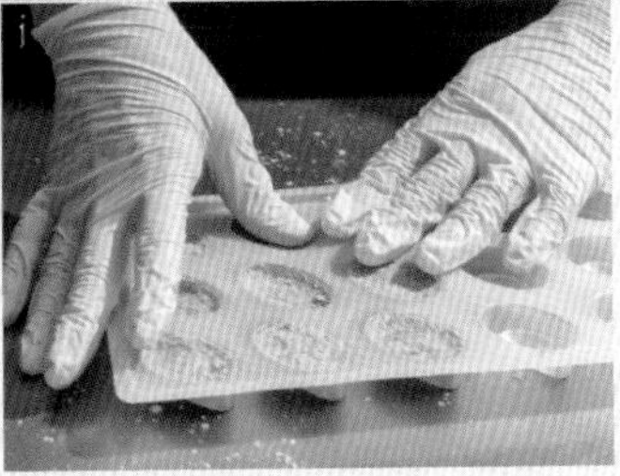

將白巧克力與香氣十足的紹興酒一起用隔水加熱融化，然後倒進塞了綠豆的模型當中。將豆子那種乾粉感以白巧克力彌補過來。

金毛牛肉茄子

老四川風格牛肉茄子

這是我將具有四川傳說為背景的名菜之一，重慶知名料理「精毛牛肉」搭配上茄子，做成現代風格的一道料理。「精毛牛肉」是將以香氣十足的滷汁（用來熬煮的湯汁）燉煮的牛肉切成肉絲以後，炒到表面起了輕飄飄羽毛的狀態，原本就以四川傳統名菜聞名，由於非常耗費工夫，最近連當地的餐廳都不太做這道菜。

不管是什麼樣的名菜，都有可能隨著時代、食材以及人們的嗜好有所變化而消失。我盡可能保持這道菜原先的想法及烹調方式，然後專注在食材及調味料上，將其重現為現代風格。此處我將牛肉以特製的「飄香川滷水」熬煮後，以非常小的小火來炒，做成蓬鬆黃金色毛線的樣子。然後將表面沾了麵衣、炸得非常酥脆的白茄子去滾上糖狀調味料，再灑上這黃金色的「毛牛肉」。

輕飄飄肉鬆狀態的牛肉下是香脆的糖衣，是一層喀滋薄脆的外衣，再繼續前進就會發現有著入口即化口感的茄子。這道菜塞滿了從外觀無法想像的多重口感與味覺。在視覺上也非常令人震撼，不管是觀賞或者吃下都令人非常愉快。除了作為宴席當中的炸菜以外，也會當作溫的前菜提供給客人。

烹調方式見 P.110

菌王魚翅頭湯包

高級菇類與魚翅膠原蛋白高湯饅頭

這是宛如小籠包的一道菜，在饅頭皮當中包入大量材料以及肉凍般濃稠的湯品。蒸起來之後肉凍就會變成熱騰騰的湯汁，從皮當中溢出來。如果是宴席料理，可以作為獨具風格的一道湯品，搭配中式湯匙上菜。

餡料使用的是由於膠質豐富而成為肉凍狀的湯，重點就在於魚翅頭的量要多於豬肉。「魚翅頭」是魚翅連接身體處非常有彈性的部分，也就是所謂「鰭邊」的部位。膠質豐富非常具彈性，還能夠享受入口即化的高雅口感。

與四川省相鄰的雲南省以菇類產地聞名，也有許多使用了各種菇類的料理。在此使用的是在日本較為高價的羊肚菌及牛肝菌、香茸等菇類切碎加進去，提升口感及風味。

烹調方式見 P.112

乾燒猴頭蘑大蝦

四川式乾燒蝦仁

這是使用帶頭附殼的蝦子所做的正統四川乾燒蝦仁。在日本只要提到乾燒蝦仁，就會覺得豆瓣醬這種調味料應該是不可或缺的，但實際上在正統發源地的傳統乾燒蝦仁，並沒有使用豆瓣醬，原先應該是使用四川風格的辣椒醃漬物「泡椒」以及芽菜，調味做得非常實在的一道料理。

我一邊遵守這種傳統技巧方法，同時添加一些「飄香風」的創意，打造出一道原創菜色。原先應該要使用芽菜或者大頭菜這類蔬菜，但這在日本非常不好取得，因此我使用了有點像是日式醃蘿蔔、名為「蘿蔔乾」的醃漬物，來為料理增添鹹度、美味及口感。另外還使用由蝦殼萃取出的大紅色蝦油、以及一種被稱為「紫草」的特殊草類萃取的大紅色油品，來提高整道菜色的附加價值。

料理名稱當中的「乾燒」是中國料理中一種烹調方式，也就是將多餘水分都蒸發掉，讓美味濃縮在食材當中的方法。在此除了蝦子以外，我還使用了柔軟且狀似海棉的新鮮猴頭菇一起烹調，讓猴頭菇吸收充滿了美味的滷汁。完成之後分別盛裝到盤上，上菜時搭配現代風格的刀叉請客人享用。

烹調方式見 P.114

松蘑海鰻豆花

四川風海鰻豆花　搭黑皮菇香氣

在日本提到秋天，就會想到松茸。而被認定為松茸「相遇之物」的海鰻，則是與其固定搭配的成員。在此我以日本人的心情來考量，選擇了與松茸同樣貴重的菇類「松蘑」（黑皮：黑皮茸）與海鰻一起做成一道滋味深厚的湯品。我的靈感來源是原本就為知名的四川名菜「雞豆花」，這道菜是將雞肉泥做成豆花風格湯品。我使用了非常奢侈的海鰻肉泥，來取代雞肉泥，另外搭配原先沒有使用的蛋白霜與山藥，做成輕飄飄「豆花」樣貌浮在湯品上。湯頭則使用非常奢侈的清湯為底，加上用海鰻魚脊骨燉煮的「混合湯頭」，與海鰻料非常對味。另外再添加具有特殊苦味及香氣的黑皮茸，增添風味。最後擺上貴重的「夏草花」作為裝飾，使這道菜有更多色彩。如果是夏天，最後裝飾可以放上使用有綠色外皮的清爽冬瓜，就能給人涼爽的印象。

烹調方式見 P.116

黑松露烏骨雞汁鍋貼

四川風烏骨雞湯鍋貼

料理名稱當中的「雞汁鍋貼」是原先起源於四川省重慶的知名料理，是將以雞雜熬煮的高湯加入豬肉當中，把多汁的餡料包進有嚼勁的皮當中，香煎而成的鍋貼。

在『飄香』因為要將這種餃子提升到成為餐廳的一道菜色，因此稍微以現代風格來升級。餃子餡添加了以高級食材聞名的黑松露、再加上煮成肉凍狀態的營養豐富烏骨雞高湯，然後以獨家製作的餃子皮包起來，煎到外皮香脆。餃子皮使用小麥粉加糯米粉，這樣既有彈性又不容易破掉，能夠將當中的湯汁包好。最後倒一些溶於水中的高筋麵粉一起煎，為鍋貼增添宛如蕾絲一般纖細的羽翼。

咬下一口，便會像小籠包一樣有熱騰騰的湯汁流出，溢出的肉汁、烏骨雞湯、松露香氣融為一體，讓人能夠享受到奢華的口味。另外充滿松露香氣的湯頭，還能搭配與松露極為對味的蛋絲一起享用，便能夠連溢出來的湯汁都徹底享用。

烹調方式見 P.118

怪味麵

四川的怪味麵

「怪味」這個詞的意思是「複雜的味道」，特徵正是由麻、辣、甜、酸、鹽、苦、鮮，這七種味道巧妙相疊打造出的深奧口味。

這道麵類料理，原本是四川省成都某間店裡在做「海味麵」這道以海鮮乾貨做成的麵類料理時，店家不小心弄錯、放了會辣的肉末味噌進去，沒想到客人稱讚這實在太好吃了！因此便命名為「怪味麵」來販賣。現在已經有許多店家會在看板上寫著怪味麵，在一般民眾之間也被認為是非常受歡迎而熟悉的麵類料理。

不過，這道怪味麵在我的『飄香』餐廳裡，供應的是材料放了豬肉、各式菇類的山珍；以及乾貨魷魚、牡蠣、蝦子、干貝等等，各式濃縮美味的海味，是比較豪華的版本。將各式各樣美味的材料以豆瓣醬、辣椒、花椒油等辛香料結合在一起，做出了一道非常奢侈的麵。最後再加上一點炸過的花生，除了作為裝飾以外，也能為口感加上些重點。

烹調方式見 P.120

南瓜流沙粑

鹹鴨蛋餡南瓜餅

四川省是知名的南瓜產地，因此也有非常多南瓜料理。南瓜與豬肉、以及四川醃漬物芽菜搭配在一起包成的點心也非常受歡迎。此處不管是皮或者是餡料都揉進了南瓜，打造成能夠徹底品嘗南瓜的一道料理。由於曾有段時間，在日本也流行過香港那種將鹹蛋黃加入奶黃醬的甜點，因此我利用那樣的點子，創作出這道點心。

南瓜餡料加了鹹蛋黃會成為甜甜鹹鹹的口味，加上奶油及鮮奶油等，更能增添濃郁感。放入口中就會從裡面緩緩流出，也非常令人驚訝。

使用添加了甜菜及紅蘿蔔來上色的皮，將南瓜餡料包起來，重現一口大小的南瓜。在萬聖節的時候，宴席料理當中於辛辣的料理之後上這道小點心作為清口，客人都會很開心。除了南瓜以外，也可以使用番薯、以一樣的方法製作，也推薦把外觀做成小地瓜的樣子。

烹調方式見 P.122

黑色三合泥

黑米、黑豆、黑芝麻醬狀料理

「三合泥」這個命名有些奇怪的菜色，是四川省成都近郊非常受歡迎、很久以前就流傳下來的名產甜點。原本是大豆、糯米、芝麻等三種材料磨成粉以後，與豬油搭配在一起攪和做成「泥巴」一般濃厚的膏狀點心。

在『飄香』是使用黑米、黑豆、黑芝麻，全都是黑色的三種材料來製作。外觀上也完全是黑色的、非常震撼，但這些材料都具有花色素苷以及多酚等抗氧化作用的成分，也被認為具有抗老化的效果，因此將這些材料搭配在一起，在食補方面也是非常合理的。

另外當地通常會使用豬油等動物性油脂，不過我改以現代風格，使用較為清爽的椰子油來做成比較健康的點心。最後添加一些陳皮帶出清爽香氣。另外，切成顆粒狀的陳皮也能為膏狀的點心帶來一些不同的口感。熱騰騰的時候就盛裝起來上菜。不會過於甜膩的質樸口味，在宴席料理之間、又或者是辛辣料理之後清口，都非常能夠獲得好評。

烹調方式見 P.124

金毛牛肉茄子

老四川風格牛肉茄子

材料 4 人份

◆金毛牛肉（容易製作的分量）

牛腿肉（塊狀）…500g

飄香川滷水（P.201）…適量

A

- 鹽…3g
- 上白糖…15g
- 薑黃粉…1g
- 孜然粉、十三粉＊、黑胡椒、花椒粉…各少許

白茄子…1 條

高筋麵粉…適量

B

- 玉米粉…50g
- 低筋麵粉…10g
- 水…50g
- 油…12g

油…適量

C

- 老酒…48g
- 白酒…12g
- 上白糖…25g
- 醬油…18g

刀工辣椒（P.203）＊…1g

紅蘿蔔、蒔蘿炸絲＊…各適量

＊十三粉

如其名所示，是由 13 種辛香料混合在一起的綜合辛香料。包含八角、茴香、花椒、高良薑、陳皮、黑胡椒、肉荳蔻、肉桂、生薑、甘草、香豆蔻、丁香、白芷等，當中也有些是漢方藥會使用的材料。有市售成品。

＊刀工辣椒

將乾燥的紅辣椒剁碎之後炒到變成紅黑色的調味料。略帶一些煙燻風味。

烹調方式

1 製作「金毛牛肉」。將牛腿肉切成條狀，快速以熱水汆燙一下，擦乾以後放進容器當中，浸泡在飄香川滷水裡，肉要有些露出水面（a）。

2 將步驟 1 的牛肉放進充滿蒸氣的蒸籠當中，蒸煮約 4 小時。

3 將步驟 2 的牛肉取出以後放進塑膠袋中，以擀麵棍敲打，使纖維散開（b）。

4 （不放油）將步驟 3 的牛肉仔細的撕開放進鍋中，以非常微弱的小火乾炒來蒸發水分（c）。如果牛肉開始有些沾鍋，就更換新的鍋子（d），一直炒到完全沒有水分，牛肉起了輕飄飄毛絲的樣子（e）。

5 將 A 的調味料放入步驟 4 的鍋中，整體拌勻之後再繼續翻炒，直到牛肉成為輕飄飄的棉絮狀。

6 將白茄子兩端切掉、去皮以後切成條狀，以刷毛灑上高筋麵粉（f）。

7 將 B 的材料拌在一起做成麵衣，以茄子沾麵衣（g），使用 180℃的油炸到酥脆（h）。

8 在鍋裡放油稍微養一下鍋，把 C 的材料放進去以中火熬煮（i）。等到變得有些濃稠狀之後就加入刀工辣椒（j），把步驟 7 的茄子放回去拌上醬汁（k）。

9 在茄子熱騰騰的時候，大量灑上步驟 5 的金毛牛肉（l）並盛裝於盤上（m），最後灑上紅蘿蔔與蒔蘿的炸絲＊作為裝飾。

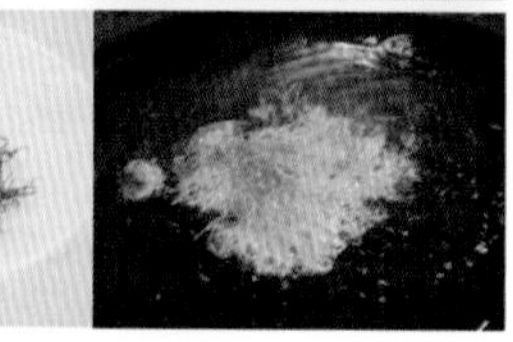

＊紅蘿蔔、蒔蘿的炸絲

首先將切成非常細的紅蘿蔔放入低溫油中，為了不使其失去顏色，要一直攪動、慢慢的蒸發水分。水分蒸發開始發硬之後，就開大火讓紅蘿蔔瞬間變得酥脆，快速起鍋。馬上就用廚房紙巾壓一壓吸油，就能夠作出口感輕盈的炸絲。蒔蘿把葉片撕碎，以相同的方式製作。

用來沾茄子的麵衣主要是玉米粉。玉米粉的粒子較細，麵衣能做得很薄，油也容易瀝掉，特徵就是口感非常清爽。先滴落多餘的麵衣再下去炸也非常重要。

C 的調味料先以油養一下鍋子再加熱成濃稠糖狀，這樣除了為炸茄子調味以外，也能作為黏劑的功能，讓茄子可以沾附牛肉絲。

鍋子養過油以後將 B 的材料放進去加熱，等到整體起泡、稍微有些濃稠以後，就加入刀工辣椒，把步驟 7 的茄子放進去裹漿。

在調好味的茄子冷掉變硬之前，趁熱大量灑上金毛牛肉。

◆製作「金毛牛肉」

燉煮牛肉的「飄香川滷水」是我獨家製作的四川風格滷汁，一開始就加了許多辛香料進去。

將變柔軟的牛肉繼續以擀麵棍用力敲打，使牛筋斷掉以後，盡可能用手撕成細絲。

炒牛肉的時候，因為並沒有先放油就開始烹調，因此肉如果開始沾在鍋上有些燒焦的話，就換一個鍋子炒。如果使用的是氟加工的鍋子，那就比較不會沾鍋、炒起來也比較輕鬆。這可以在冰箱冷藏庫裡保存一星期左右。

將白茄子沾高筋麵粉，讓麵衣可以完整沾附。白茄子皮較硬且水分多，加熱之後果肉會變得非常柔軟。如果去皮之後再加熱，就更能享受入口即化的口感。

菌王魚翅頭湯包

高級菇類與魚翅膠原蛋白高湯饅頭

材料 20 人份

◆肉凍（容易製作的分量）

鮮湯（雞湯／ P.198）…800g
豬腱肉…100g
豬皮…100g
雞爪…6 支
鴨翅…4 支
火腿（金華火腿）…40g
乾燥干貝…20g

◆餡料

魚翅頭＊（已泡發）…200g
豬絞肉…100g
A
鹽…1.5g
砂糖…7.5g
老酒…7.5g
醬油…9g
生薑汁…25g
長蔥（剁碎）…10g
蔥油…9g
胡椒…少許
雞油…5g
羊肚菌＊…10g
牛肝菌＊…20g
香茸（冷凍）＊…20g

◆皮

中筋麵粉…200g
熱水…20ml
糯米粉…10g
鹽…1 撮
砂糖…10g
熱水（約 60℃）…20ml

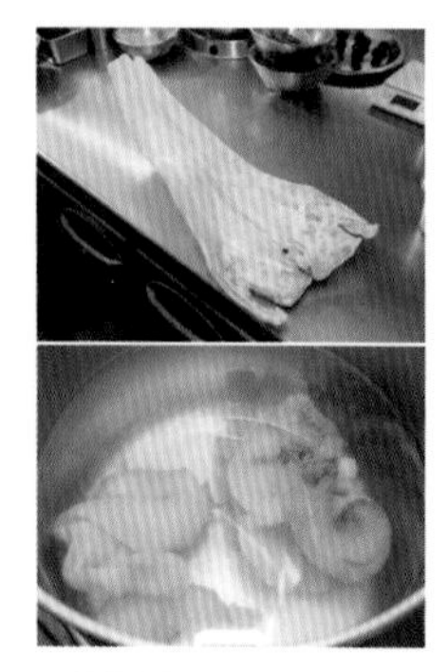

＊魚翅頭
這是鯊魚的魚鰭與身體相連處、具有彈性的部分，也就是魚翅的「鰭邊」處。正如同它被稱為「食用性膠原蛋白」，它的特徵便是具有非常豐富的膠質、彈性十足，又有入口即化的口感。要泡發魚翅頭，就先將水煮沸，把乾燥的魚翅頭（上幅照片）放進去之後關火，靜置冷卻。大約一天換兩次水，花費三到四天來泡發它（下幅照片）。

烹調方式

1 準備好泡發的魚翅頭＊。
2 製作「肉凍」（a）。將肉凍的材料放入大碗當中，與步驟 1 的魚翅頭也放進去，包上保鮮膜放進充滿蒸氣的容器當中，蒸出湯汁來。
3 從蒸了 1 個半小時的步驟 2 大碗中取出魚翅頭，再繼續蒸 30 分鐘，然後加入 1 小匙老酒、少許胡椒（皆不在食譜分量內）調味。
4 將步驟 3 過濾以後倒進淺盤當中，靜置冷卻以後放進冰箱冷藏庫裡冷卻，使其凝結為肉凍。
5 製作「餡料」。將步驟 3 的魚翅頭切成 5mm 塊狀。並把步驟 4 剁成較大的碎塊。把泡發的牛肝菌也剁成較大的碎塊，另外將羊肚菌的一半先放在一旁，之後要作為裝飾用，剩下的都剁成較大的碎塊（b）。香茸也大致上剁碎。
6 將豬絞肉放入大碗中，以手快速揉捏，依序加入步驟 5 準備好的菌菇類→魚翅頭→肉凍，每次都要用手揉捏均勻。
7 將步驟 6 做好的餡料以保鮮膜包起來，放進冰箱裡冷藏（c）。
8 製作「皮」。將糯米粉、砂糖、鹽都放進大碗當中，加熱水揉麵，開始有黏性以後就加 60℃的熱水繼續揉麵。
9 將中筋麵粉過篩灑入步驟 8 的大碗當中，不斷揉捏麵團直到麵團變得光滑，然後將麵團收攏。包上保鮮膜在室溫當中靜置 20 分鐘左右。
10 將步驟 9 的麵團放在檯面上，灑些太白粉（不在食譜分量內）防沾黏，將麵團滾成棒狀，然後切成每個 15g 的小段之後揉圓（d、e）。
11 將步驟 10 的小麵團輕輕壓平，以擀麵棍擀成圓形（f、g）。
12 以「皮」將「餡料」包起來。在步驟 11 的麵皮上放大約 65g 的餡（h），以包小籠包的方式包起來（i、j）。把羊肚菌放在上面作為裝飾（k），盛裝到容器當中，放進充滿蒸氣的蒸籠中約蒸 15 分鐘。

＊香茸（黑虎掌菌）❶
生長於雲南省或四川省山中闊葉樹林裡的大型野生菇類，香氣非常強。
羊肚菌 ❷
是法國料理當中非常知名的高級食材，在日本又被稱為編笠菇。
牛肝菌 ❸
義大利料理當中經常會使用，具有芬芳香氣。

肉凍是一種將豬皮或者帶骨肉等熬煮出膠原蛋白，由於膠質而凝固成固體狀態的湯。在此使用的是豬皮及肉、火腿、雞爪、鴨翅等較為奢侈的材料。

使用的菇類有3種，香茸、羊肚菌、牛肝菌都是非常高級的菇類。各自剁碎加到餡料當中。為了讓菇類能融合在湯頭裡，可以切得比魚翅頭還要小一些。

餡料靜置放涼一些，肉類就會吸收水分，讓餡料較為濕潤。另外料與料之間也會比較融合，這樣之後比較好包起來。

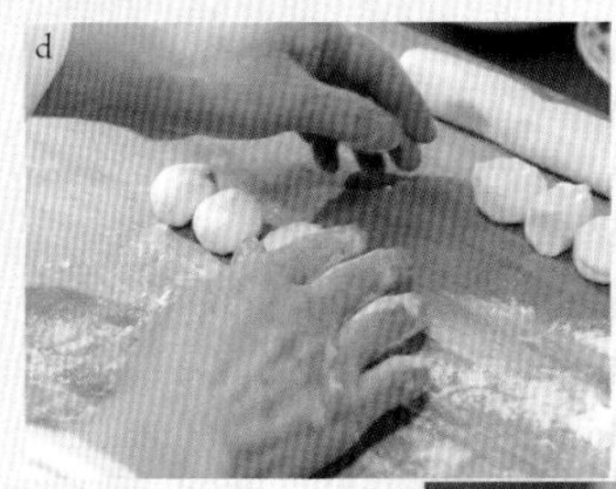

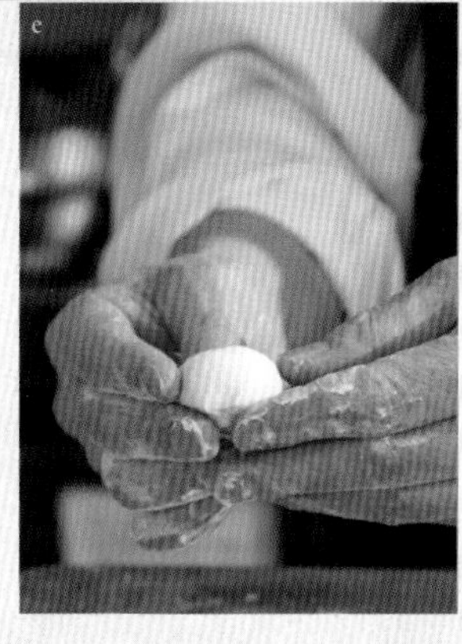

將等分切好的麵皮以手搓圓，用拇指從正中間壓下去，以使其表面攤開的方式推開，使其表面平整。

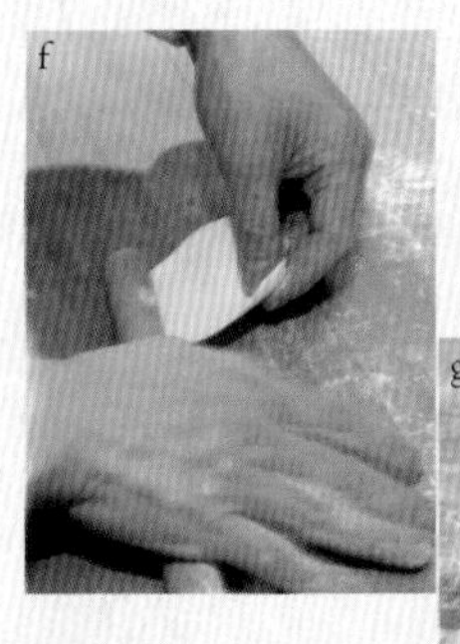

將麵團放在檯面上推開成圓形，將擀麵棍靠手邊放著轉，一邊稍微轉動麵團，將麵團擀成直徑10cm的圓形。重點就在於要放餡料的麵皮中心要稍微厚一些。

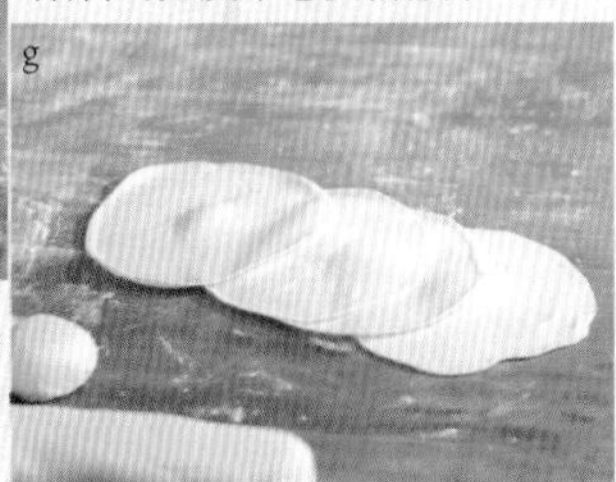

◆以皮包裹餡料

將餡料放在捏成圓形的麵皮上，一邊以左手拇指壓著餡料，一邊以右手的食指和拇指將皮捏起來。一邊用左手拇指把餡料壓進去，一邊以右手手指將皮按照順序捏合。

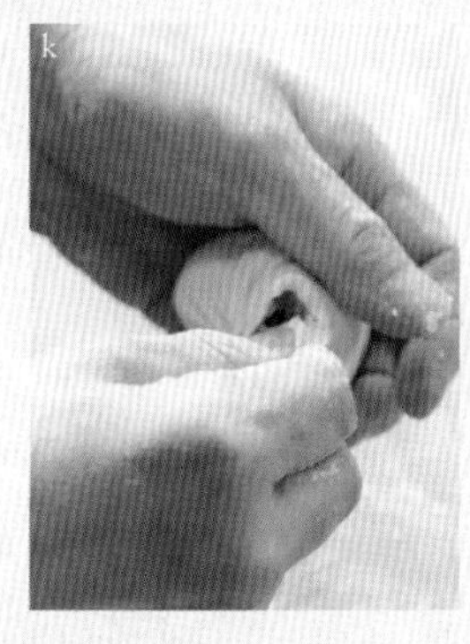

一路把皮包到最後，就將左手拇指抽出來，把最後的開口闔上。訣竅就在於以右手將皮包起來的同時，一邊以左手壓著餡料一邊闔上麵皮。

將羊肚菌塞進閉合的麵皮口當中，展現出裡頭包著高級菇類。

乾燒猴頭蘑大蝦

四川式乾燒蝦仁

材料 4 個量
蝦子（連頭帶殼）…4 尾
猴頭菇（新鮮）…2 個
豬五花肉…40g
蘿蔔乾（去鹽剁碎）＊…20g
青蔥…20g
生薑（5mm 塊狀）…5g
大蒜（5mm 塊狀）…5g
泡椒（四川風格辣椒醃漬物）…20g
A
鹽…少許
砂糖…接近 2 小匙
醬油…1/2 小匙
老酒…1 小匙
鮮湯（雞湯／ P.198）…150ml
焦糖（P.200）…少許
胡椒…少許
太白粉溶液…1/2 小匙
油…適量
蝦油 ※、泡椒香油 ※…各 1 大匙
雞油…少許
黑醋（老陳醋）…1/4 小匙

＊「蘿蔔乾」
將使用鹽醃漬過的蘿蔔放在太陽下曬乾的一種醃漬物，最特別的就是脆脆的口感。因應需求可以使用去鹽的。

※ 泡椒香油
材料（容易製作的分量）
泡椒（P.179：剁碎）…200g
飄香香料油（P.201）…400g
紫草＊…4g

製作方式
1 將紫草快速的水洗一下，然後擦乾。
2 將飄香香料油、泡椒放進鍋中，開小火加熱。將紫草放進去，輕輕攪拌之後關火，靜置 1 小時，使顏色與香氣轉移到油裡。
3 為了讓油品能夠更加清爽，將步驟 2 的鍋子再次開火，等到油溫熱了以後就過濾。

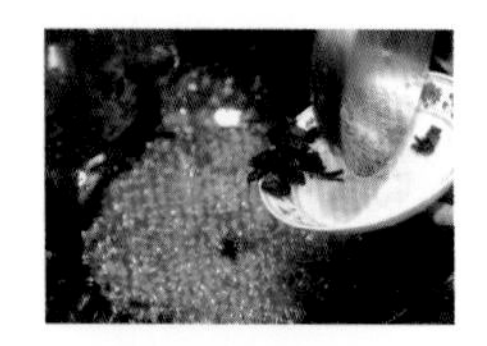

＊紫草
是漢方藥當中也會使用的草類，乾燥的材料。特性是放入油中就會將油染成紅色。

※ 蝦油
材料
油…400g
A
蝦殼…200g
長蔥（綠色部分）…120g
生薑…25g
洋蔥…40g
蝦頭（含蝦漿）…6 尾蝦量

製作方式
1 將油與 A 放進鍋中開小火。等到長蔥水分蒸發有些乾硬之後、在蝦子焦掉之前好好炸過，將顏色與香氣都萃取到油當中，然後過一次濾網。
2 將步驟 1 中過濾好的油放回鍋中，把蝦頭放進去然後開火。以鍋勺壓蝦子頭使蝦漿流出，讓美味與香氣都轉移到油當中。
3 等到蝦頭變得香脆、水分也都蒸發、油的泡泡變小以後就關火，然後過濾（蝦油放冷藏保存）。

烹調方式

1 將帶殼的有頭蝦子連著殼，只去掉背部砂線及蝦尾尖銳處（a）。
2 在鍋中熱油，放入步驟 1 處理好的蝦子，一直煎到兩面變色（b），然後先從鍋中取出（c）。
3 將豬五花肉切成 7mm 方塊，放入步驟 2 的鍋中，以中小火翻炒（d）。等到變得有些硬之後，就加入生薑、大蒜、蘿蔔乾＊、青蔥、泡椒。
4 將 A 的老酒、醬油、鮮湯（雞湯）加入步驟 3 的鍋中，並把步驟 2 的蝦子放回去，加入猴頭菇。一邊加入一邊用鍋勺壓蝦頭，讓蝦漿流出（e）。
5 將 A 的鹽、砂糖、焦糖慢慢添加進去之後開大火，一邊轉動鍋子將湯汁收乾（f、g）。
6 等到步驟 5 的鍋裡開始燒乾之後，把蝦子和猴頭菇取出，盛裝在盤上，並擺上青蔥、泡椒（h）。
7 「製作醬料」。將步驟 6 的鍋中剩下的滷汁加一些太白粉溶液，並依序加上蝦油 ※（i）、泡椒香油 ※（j）、雞油。最後再淋上一點黑醋攪拌（k），將醬汁淋在步驟 6 的盤上。

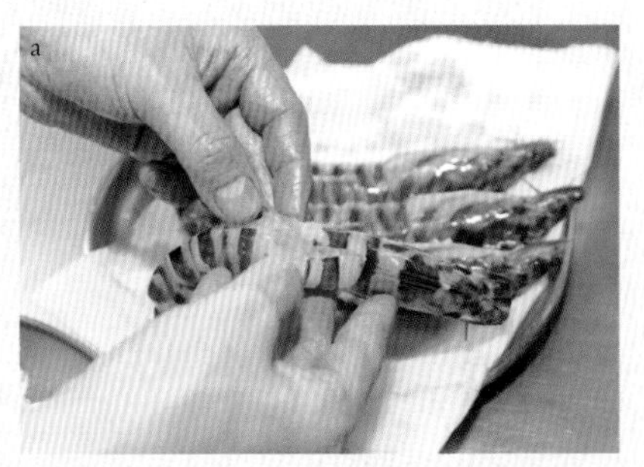

料理名稱當中的「大蝦」是指大尾的蝦子。在此使用的是連頭帶殼的虎蝦，活用其原先的姿態來烹調。在背部下刀取出腸泥，同時因為尾巴尖銳處很危險，也先去掉。

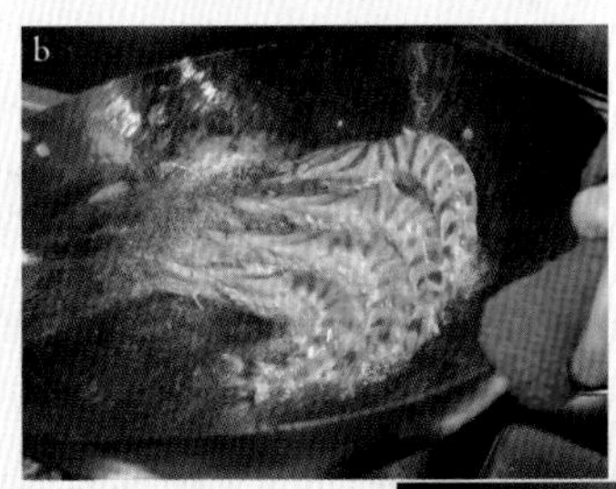

用稍微多一點的油，一邊轉鍋子讓蝦子在鍋內滑動，比較能夠有均衡的顏色。反面也用一樣的方式煎。最後將火開強一點，把多餘油分逼出來，煎得香脆些。

豬五花肉先切好再使用。將切好的豬肉以油翻炒爆香，口感會變得更好、味道也更濃郁。

以滷汁煮蝦子的時候，要以鍋勺壓蝦子頭，使當中的蝦漿流出。以鍋勺壓蝦頭逼出蝦漿，之後再添加調味料調味。

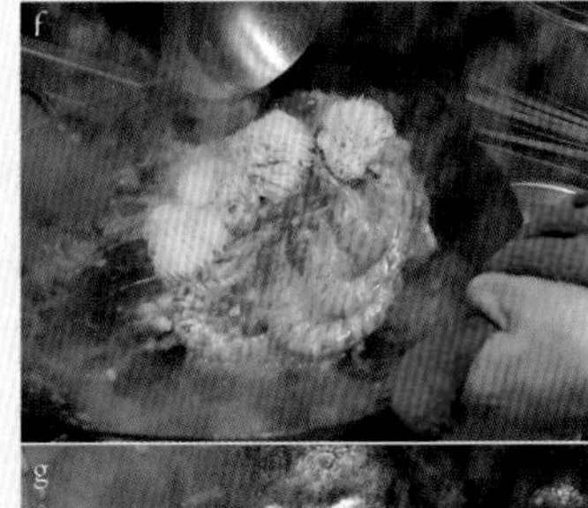

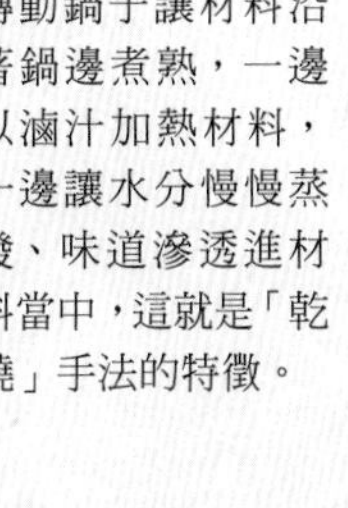

轉動鍋子讓材料沿著鍋邊煮熟，一邊以滷汁加熱材料，一邊讓水分慢慢蒸發、味道滲透進材料當中，這就是「乾燒」手法的特徵。

將已經入味的蝦子及猴頭菇、泡椒、蔥盛裝在預先準備好的容器當中。

◆製作「醬料」

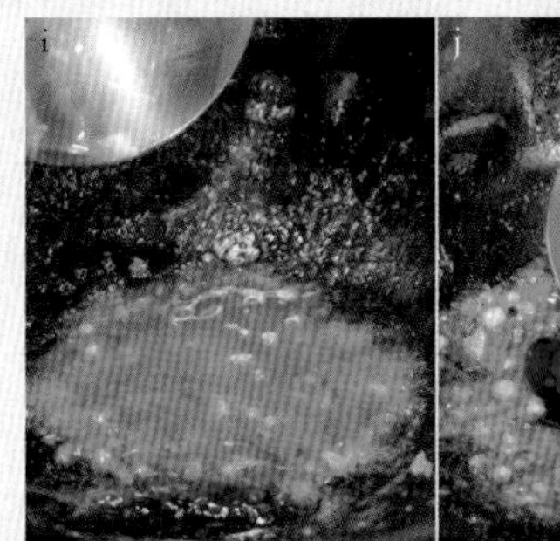

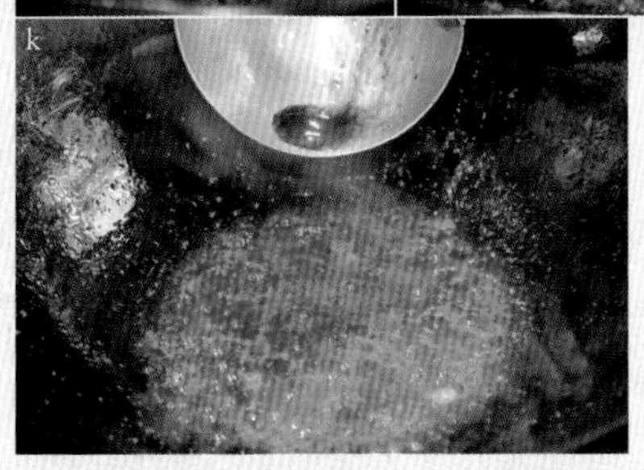

滷汁是醬料底，加入太白粉溶液稍微勾芡一下，加熱到出現透明感以後，就添加蝦油※、泡椒香油※、雞油，然後將火稍微開大，增添香氣及光澤感。最後添加一些黑醋使口味更加溫醇。

料理見 P.098

松蘑海鰻豆花

四川風海鰻豆花 搭黑皮菇香氣

材料 2 ～ 3 人份
海鰻（魚肉泥）…120g
A
- 鹽…1.2g
- 老酒…4ml
- 蔥薑水（P.016）…6ml
- 蛋白…30g

B
- 胡椒…少許
- 泡發乾燥干貝用的湯汁…45ml
- 山藥泥…36g
- 太白粉…6g

蛋白（做蛋白霜用）…100g
松蘑（黑皮茸）＊…泡發之後 20g
清湯＊…600ml
C
- 鹽…少許
- 老酒…20ml
- 胡椒…少許

夏草花＊…適量

烹調方式

1. 將松蘑（黑皮茸）＊放入清湯＊中蒸煮約 20 分鐘（a）。
2. 將海鰻肉泥放入食物攪拌機當中加入 A 攪拌，打成泥狀。接著加入 B（b）攪拌，最後添加太白粉攪拌。
3. 將蛋白打發，做成非常確實的蛋白霜。
4. 將步驟 2 的肉泥移到大碗中，添加步驟 3 的蛋白霜，以刮刀確實拌勻（c）。
5. 將步驟 1 的清湯過濾倒入鍋中（d）開小火。將黑皮茸放在一旁。
6. 將 C 加入步驟 5 的湯中調味，等到湯變溫了，就把步驟 4 的肉泥蛋白霜撈起來放進鍋裡（e）。
7. 直接蓋上蓋子（f）加熱 5 ～ 6 分鐘。
8. 將網子放在瓦斯爐上，再把步驟 7 的鍋子架上去，以非常微弱的小火加熱 15 ～ 20 分鐘（g、h）。
9. 將步驟 8 鍋裡的東西撈起來盛裝在容器裡（i），放入步驟 5 的黑皮茸（j），倒入熱騰騰的湯。最後放上一些夏草花＊作為裝飾。

＊松蘑（黑皮茸）
具有獨特苦味與澀味、香氣極佳的菇類。其美味被認為並不輸給松茸。此處選用的是風味更強烈的乾燥產品。

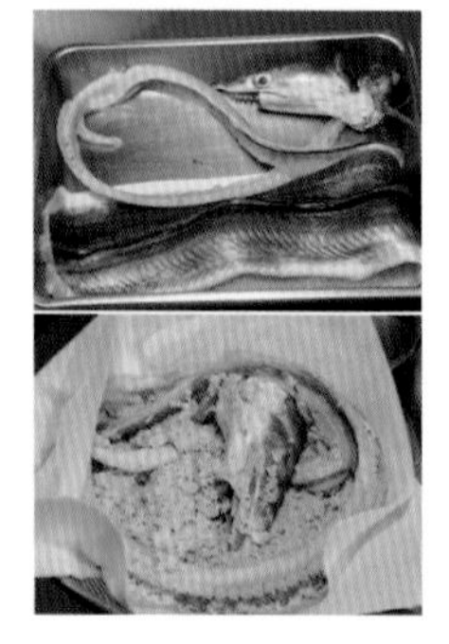

＊清湯
此處是使用一般清湯（P.199）材料當中加入海鰻魚脊骨所熬煮出來的「混合湯頭」。由於湯料本身也使用了海鰻，因此若能在湯頭當中也加入海鰻的風味，那麼會更加對味。

＊夏草花
「冬蟲夏草」是一種被昆蟲寄生的菇類，非常有名。這是使用含有相同成分的培養基來以人工培養出來的菇類乾燥的產品，以水或熱水泡發以後再使用。具有爽脆口感，可以活用其口感及色彩，使用於湯品或前菜當中。

將黑皮茸泡發回原來的樣子以後，加入清湯並以此種狀態放進蒸籠裡蒸。使用湯頭來蒸的話，能讓菇類的香氣滲進湯中。

使用食物攪拌機來攪拌海鰻肉泥的時候，先添加A的鹽、老酒、蔥薑水進去攪拌，等到味道完全拌在一起之後，再把A的蛋白也加進去。

把肉泥和蛋白霜混在一起的時候，要注意不要破壞蛋白霜的泡沫，以刮刀用切割的方式來攪拌。如果破壞了蛋白霜的泡沫，就無法做成輕飄飄的口感，要多留心。

將溶出菇類美味及風味的清湯為基底做成湯品。過濾以後的黑皮茸會用來作為最後裝飾，因此先放在一旁。

如果湯的溫度過高，湯料便會散開來而造成湯頭混濁，要多留心。以70℃上下加熱5～6分鐘左右讓表面凝固。

重點就在於盡可能不要碰到、也不要破壞肉泥。蓋上蓋子，它會慢慢凝固。

注意不要讓火直接碰到鍋底，把鍋子架高在網子上，讓火的加熱可以比較穩定，就能做出輕飄飄的口感。

等到海鰻的四川式豆花熟透，整體變成輕飄飄散開來的樣子就OK了。

將已經熟了的海鰻四川式豆花以鍋勺輕輕撈起，盛裝到容器當中。將黑皮茸撕開擺上去，然後倒入熱騰騰的湯頭。

黑松露烏骨雞汁鍋貼

四川風烏骨雞湯鍋貼

材料 16 人份

◆餡料

豬絞肉…200g

A

- 鹽…6g
- 砂糖…12g
- 醬油…18g
- 胡椒…適量
- 老酒…15ml

烏骨雞湯（常溫湯品）＊…75ml

B

- 生薑（剁碎）…5g
- 長蔥（剁碎）…20g
- 蔥油…20g
- 麻油…5g

烏骨雞湯（肉凍）…150g

黑松露＊…25g

◆皮

中筋麵粉…200g

糯米粉…30g

熱水…150ml

◆餃子羽翼

- 高筋麵粉…8g
- 水…80ml
- 雞油…20g

蛋絲＊…適量

黑松露＊…少許

＊烏骨雞湯

使用貴重的烏骨雞雞翅、雞爪來蒸煮，非常滋養。是風味良好、也非常濃郁，口味奢侈的一道湯品。由於膠原蛋白含量高，因此冷藏以後會凝固成凍狀。

＊黑松露

黑松露是長在地裡的一種菇類，由於有特殊的香氣而被視為高級食材。如果將松露放在生米當中保存，米就能夠徹底吸收松露滲出的水分。

烹調方式

1. 「製作餡料」。烏骨雞湯＊準備好放涼至常溫狀態的、以及在冰箱冷藏存放成為肉凍狀態的兩種。肉凍狀態的先以菜刀剁碎。
2. 將豬絞肉、A 放入大碗當中，以手攪拌揉捏直到出現黏性。
3. 將放涼的烏骨雞湯＊慢慢加入步驟 2 的大碗中，以手快速攪拌均勻（a），使其成為濃稠狀（b）。
4. 將 B 加入步驟 3 的肉泥當中攪拌揉捏，將步驟 1 中切碎的肉凍狀烏骨雞湯＊也加進去攪拌（c）。
5. 最後以切片機等將松露削成非常薄的薄片。把松露加入步驟 4 的大碗當中（d）繼續攪拌揉捏，放進冰箱裡冷藏靜置 20 分鐘以上。
6. 「製作皮」。將中筋麵粉與糯米粉一起放入大碗中，添加熱水，仔細揉麵直到麵團變得柔滑（e），包上保鮮膜在常溫下靜置 30 分鐘左右。
7. 將步驟 6 的麵團拿出來放在灑好太白粉的檯面上，揉成棒狀。之後等分切成 1 個約 18g，將切面朝上擺放。
8. 將步驟 7 的麵團以手壓扁，然後再用擀麵棍推成直徑約 10cm 的圓形（f）。
9. 「以皮包裹餡料」。將步驟 8 的皮 1 片放上步驟 5 的餡料 32g（g），由邊緣將皮捏起包成葉片的形狀（h、i）。
10. 將步驟 9 的餃子放進充滿蒸氣的蒸籠裡蒸約 10 分鐘。
11. 「製作餃子的羽翼」。將高筋麵粉與水放進大碗中混合，攪拌直到滑順。
12. 把步驟 10 的餃子放在經過氟加工的鍋子裡開火，將步驟 11 的麵粉糊倒在餃子周圍形成一個圓形（j）。
13. 開大火，將雞油淋在整個羽翼上。等到羽翼部分開始沸騰、開出小洞以後就關中火蓋上蓋子。
14. 等到步驟 13 的羽翼部分煎成金黃香脆以後，就用鍋鏟把餃子翻過來（k），放在中式湯匙上（l）。讓羽翼面朝上，直接將湯匙、蛋絲＊與黑松露＊盛裝在盤子上（m）。

＊蛋絲

就是炸過的蛋絲，從前是拼盤前菜中用來作為裝飾的一款菜色。製作方式是將一個蛋打好，與少許鹽、1 小匙太白粉溶液混合在一起，過網倒進炸油（80 ～ 90℃）當中，以筷子快速攪拌。等到蛋直接凝固以後，就以網子撈起來。把油瀝乾以後，再使用廚房紙巾等壓一下吸油（此為容易製作的分量）。

◆以皮包裹「餡料」

將餡料放在皮上的時候，要注意不能讓麵皮的邊緣沾到餡料。如果麵皮邊緣有油分的話，就會從那邊開口，導致料從那個位置流出來。

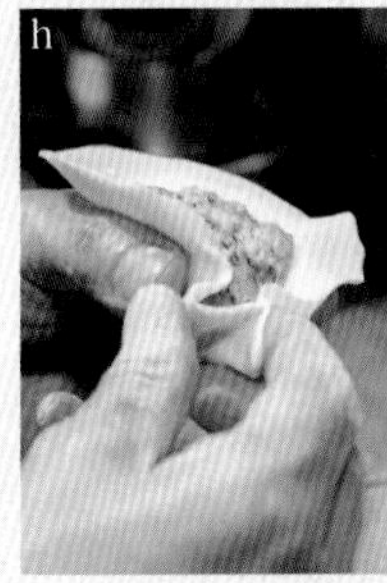

將餡料放在皮上，把皮對半摺起來，一開始先用手指將兩邊捏在一起，要確實黏緊。之後交替捏起前後的皮閉合，調整成葉片的形狀。

◆製作「餃子的羽翼」

餃子的羽翼在我做過各種嘗試以後，結論是使用高筋麵粉能夠做得最為酥脆又美味。鍋子使用了氟加工的鍋子，就能把煎好的羽翼漂亮的鏟起來。

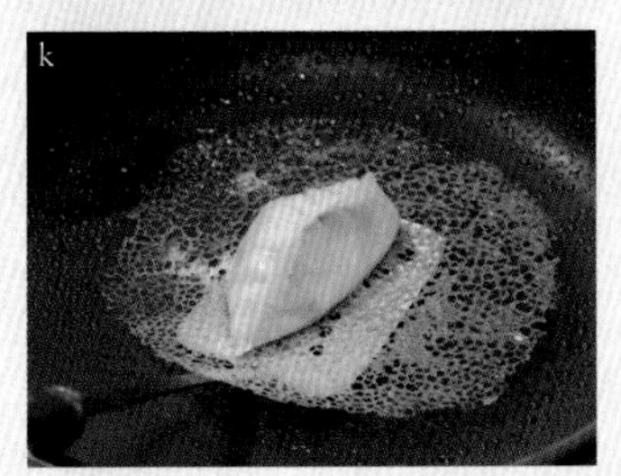

餃子的羽翼在倒入麵糊以後，淋上雞油就能做出宛如蕾絲一般的氣泡。中途蓋上蓋子是為了防止餃子乾燥。

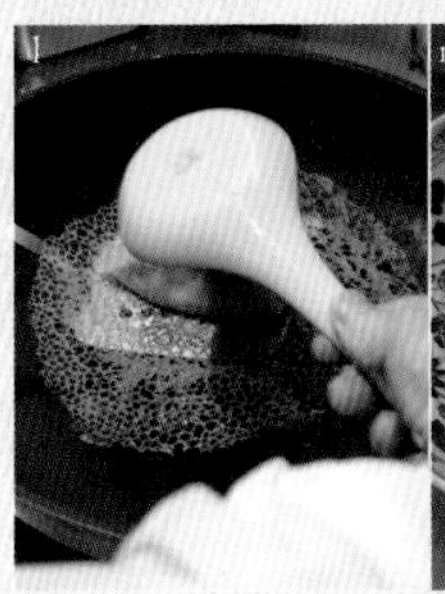

以中式湯匙撈起餃子的狀態直接盛裝到盤上，這樣也比較容易送入口中，另外也能讓羽翼朝上呈現蕾絲樣貌，給人非常優雅的感覺。

◆製作「餡料」

將加了調味料的絞肉慢慢加入靜置成常溫的烏骨雞湯，不斷用手攪拌直到成為濃稠狀態。分幾次慢慢把湯加進去攪拌，就比較不容易分離。

然後再加進作成肉凍狀態的烏骨雞湯攪拌。包了這種餡料的餃子加熱以後，就會成為湯汁多到溢出來的多汁餃子。

最後添加大量香氣十足的黑松露。由於餡料非常柔軟，因此放進冰箱當中冷藏 20 分鐘以上再使用。

◆製作「皮」

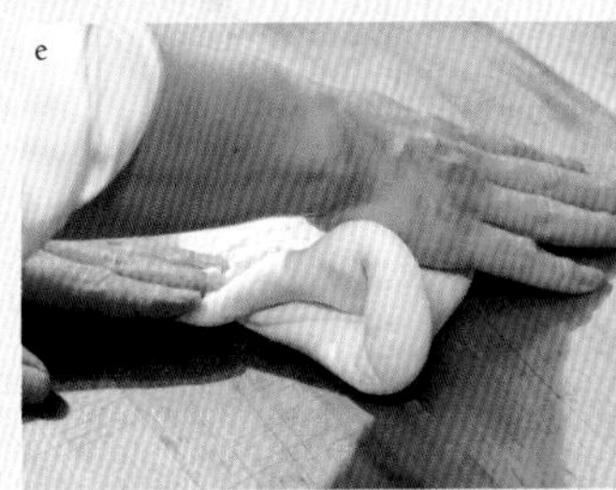

由於是湯汁非常多的餡料，如果皮破掉而讓湯汁流失的話就太可惜了。因此皮的麵團使用中筋麵粉與糯米粉，這樣會具彈性又有口感，也不容易破。

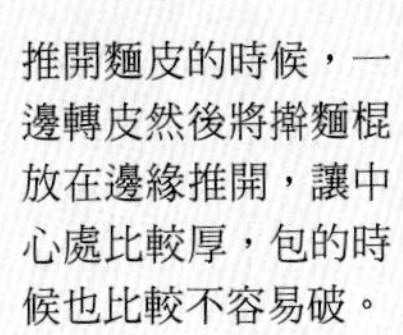

推開麵皮的時候，一邊轉皮然後將擀麵棍放在邊緣推開，讓中心處比較厚，包的時候也比較不容易破。

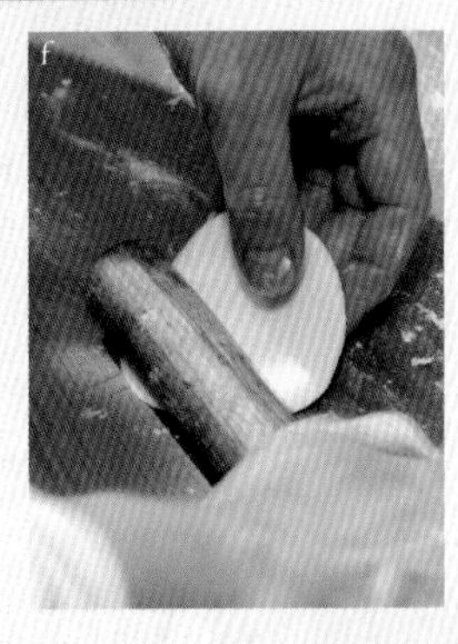

怪味麵

四川的怪味麵

材料 2 人份
中華麵…2 球
薄片豬肉…100g
A
鹽…1 撮
老酒…5ml
蛋液…10g
太白粉…3g
油…5ml
筍乾（泡發以後切薄片）…60g
乾香菇（泡發）…40g
秀珍菇…60g
滑菇…40g
B
乾魷魚（泡發）…80g
蝦乾（泡發）…20g ＋泡發湯汁 20ml
乾燥干貝（泡發）…20g ＋泡發湯汁 20ml
乾燥牡蠣（泡發）…4 個＋泡發湯汁 50ml
大地魚＊（粉）…2g
C
豆瓣醬…30g
生薑、大蒜（各自剁碎）…各 10g
炸醬（肉末味噌）＊…30g
鮮湯（雞湯／ P.198）…400ml
D
鹽…少許
老酒…10ml
醬油…5ml
焦糖（P.200）…5ml
砂糖、胡椒…各少許
E
刀工辣椒（P.203）…少許
花椒油…10ml
辣油…20ml
黑醋（老陳醋）…5ml
青蔥（切小段）…少許
油酥花生（炸花生）…40g

＊炸醬
四川料理當中經常使用的肉末味噌調味料。在『飄香』的製作方式是使用相等分量的豬肉與牛肉的絞肉，以小火炒到有香氣。將絞肉移到其他鍋子，放入較多的油以接近炸的方式來炒，有些酥脆以後就加入剁碎的生薑、醬油、甜麵醬來調味。

＊大地魚
將比目魚科的魚剖開來曬乾。去掉魚骨及魚皮以後烤到香酥然後磨成粉末，就是大地魚粉，是用來作為添加香氣、鮮味、濃郁感的調味料之一。

烹調方式

1 將豬肉切成一口大小，依序加入 A 的材料使它們調合在一起，做基礎的調味。
2 預先將 B 的乾貨都泡發。用來泡發的湯汁會拿來使用，因此先放在一旁（a）。
3 將步驟 2 中準備好的魷魚切成一口大小，並且劃上細細的格子，以熱水迅速汆燙一下瀝乾（b）。
4 筍子過個油（c）。將步驟 1 中調好味的豬肉也過個油（d、e）。
5 以油養一下鍋子以後把 C 放進去（f）翻炒，等到香氣溢出後就把 B 中泡發的蝦乾與泡發用的湯汁一起添加進去拌炒。
6 將炸醬＊（g）與鮮湯（雞湯）加進步驟 5 的鍋中，把泡發的干貝及牡蠣和泡發用的湯汁也都加進去（h）。
7 將步驟 4 的筍子、乾香菇、秀珍菇、滑菇都加進去（i），依序加入 D 的調味料。
8 等到步驟 7 的鍋子沸騰以後，把步驟 4 的豬肉放回去，並將 E 依序加入之後關火（j），添加青蔥。
9 煮好麵放入器皿當中，將步驟 8 的湯汁與料全部倒進去（l），最後灑上一點炸花生作為裝飾。

＊乾燥牡蠣
將牡蠣乾燥製成。此處使用的是日本產（廣島）的乾燥牡蠣。既大顆又鮮味濃厚、香氣及口感都好。

鮮味來源的乾貨等（乾燥干貝、蝦乾、乾燥牡蠣、乾魷魚）先泡發，泡發用的湯汁也要使用。大地魚則處理成粉末狀以後再行使用。

為了讓乾魷魚容易與調味料拌在一起、也為了讓它比較好咀嚼，因此切成格子形狀去汆燙。

筍子切片以後過油，讓它熟到約六七成左右。過油能夠去除多餘水分，這樣口感會變好、材料本身的味道也更加濃縮。

豬肉以較低的油溫過油，使其熟大約六七成，發揮材料本身的口感。

一開始先用豆瓣醬、大蒜、生薑等仔細炒出確實的香氣，然後開始製作滷汁。

口味的重點之一在於添加炸醬（肉末味噌）。炸醬也會用在擔擔麵或者麻婆豆腐等菜色的調味當中，因此店裡會先做好一些預備著用。

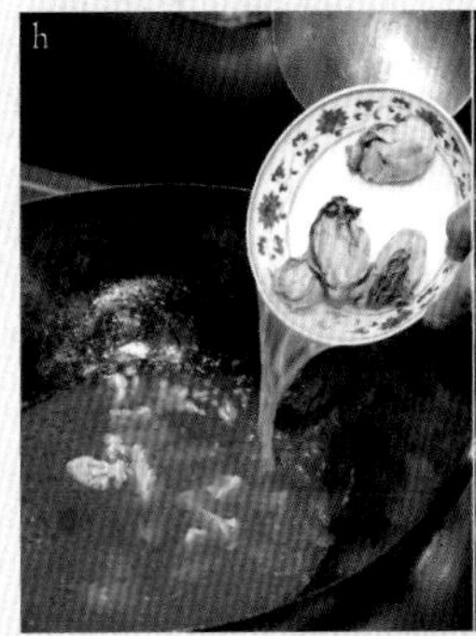

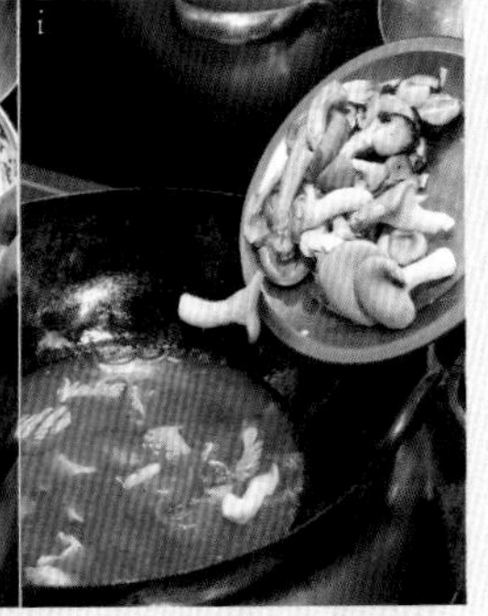

大量添加山珍（菇類等）海味（乾燥牡蠣、蝦乾、乾魷魚等）能讓口味多采多姿又奢侈。

最後加上刀工辣椒、花椒油、辣油來做出「麻辣」味，起鍋前再加上一些黑醋，能讓味道更有深度且濃醇。

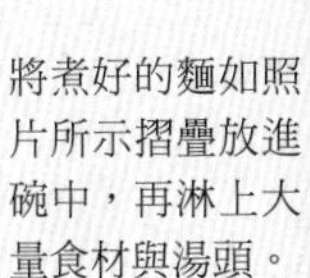

將煮好的麵如照片所示摺疊放進碗中，再淋上大量食材與湯頭。

南瓜流沙粑

鹹鴨蛋餡南瓜餅

材料 15 個量

◆餡料

奶油…24g

CAPLIS 奶油…20g

A

- 鹹蛋…24g
- 南瓜泥…18g
- 奶黃粉…4g
- 上白糖…24g
- 鮮奶油…10g

◆皮

- 無筋麵粉…36g
- 熱水…54ml
- 糯米粉…72g
- 甜菜汁…21ml
- 紅蘿蔔汁…21ml
- 南瓜泥…72g
- 太白麻油…12g

烹調方式

1 「製作餡料」。將放在室溫下已恢復柔軟度的奶油與 CALPIS 奶油放入大碗中（a）攪拌在一起，將 A 的材料依順序添加進去（b）攪拌均勻。

2 將步驟 1 秤量分為 1 個 8g 並揉圓（c）。

3 「製作皮」。將無筋麵粉放入較小的碗中，添加熱水、以手快速拌勻（d），將碗翻過來放置使皮在當中維持溫度及濕氣。

4 將糯米粉放入另一個碗中，添加甜菜汁、紅蘿蔔汁（e），以及南瓜泥（f）之後攪拌均勻。

5 將步驟 3 的無筋麵粉麵團與步驟 4 混合在一起揉麵。最後添加太白麻油（g）讓整體柔滑。

6 將步驟 5 的麵團放在檯面上，以將其推壓出去的方式揉麵，直到麵團變得非常柔滑（h）。

7 將步驟 6 的麵團揉成棒狀，等分切成 1 個 18g（i），以兩手手掌揉成圓形。

8 將步驟 7 的麵團以拇指壓出一個凹洞來，放入步驟 2 的餡料（j），將麵團開口閉合後調整外型成為圓形（k）。

9 以刮刀等在步驟 8 的麵團外加上刻痕，做成南瓜的樣子（l），放進蒸籠當中（m），放進已充滿蒸氣的蒸籠裡蒸約 7 ～ 8 分鐘。

將無筋麵粉的麵團揉好以後，最後加入太白麻油再放到檯面上，以壓推檯面的方式來用力揉麵，確保油分可以與麵團揉勻。

將變得柔滑的麵團揉成棒狀，一邊秤量一邊將麵團切成一個18g，然後各自揉圓。

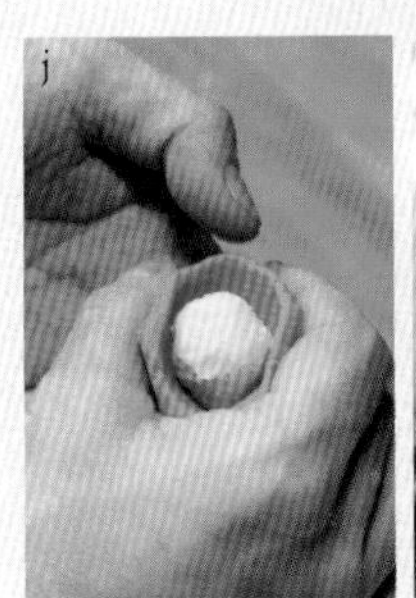

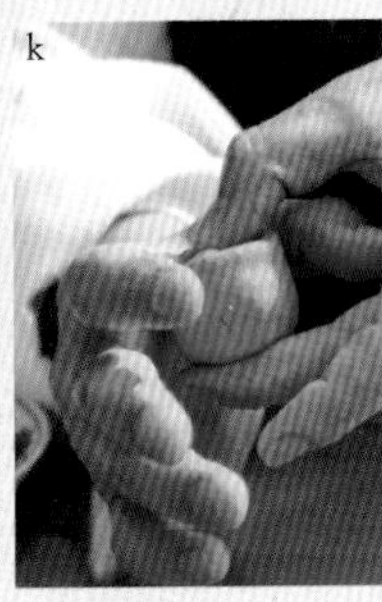

將揉圓的麵團以拇指壓出一個凹洞，把餡料放進去。以內餡為支點旋轉整團，把皮包覆內餡之後閉合，以兩手手掌搓成圓形。

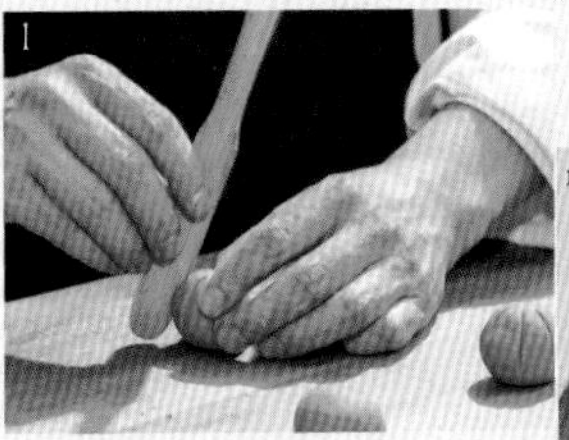

使用小竹刀等在麵團表面刻劃出南瓜的形狀。

◆製作「餡料」

餡料使用的奶油，以一般的奶油添加CALPIS奶油2種混合在一起。CALPIS奶油比一般的奶油白皙，特徵是雜味較少且口味優雅濃郁、不易膩口。

以甜口味的南瓜與帶有鹹味的鹹蛋搭配在一起，做成甜甜鹹鹹口味的內餡。

◆製作皮

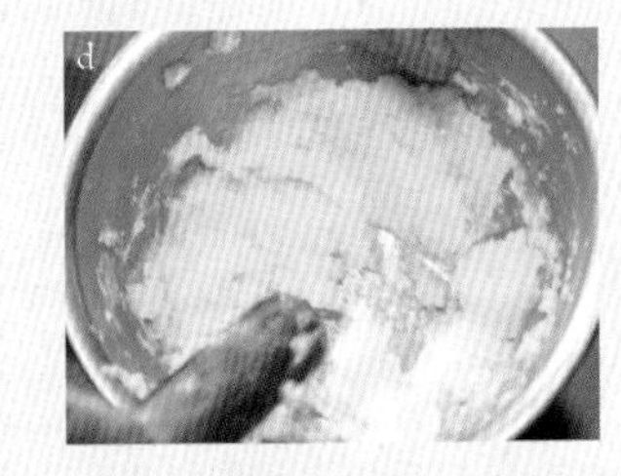

皮以糯米粉為主，添加無筋麵粉，這樣麵團會滑順卻帶彈性，也有透明感。

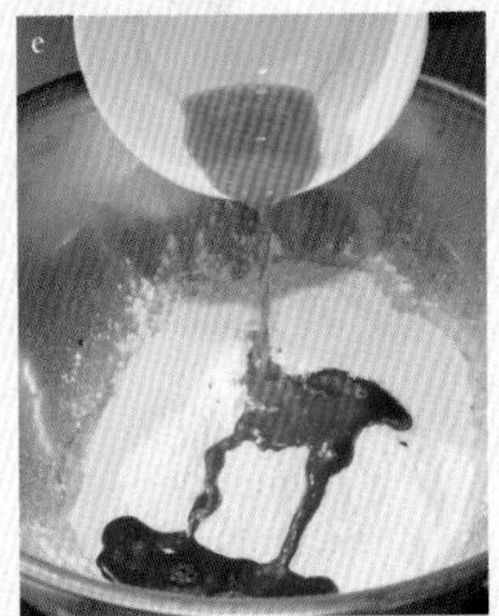

皮的橘色使用天然色素，帶紫紅色的甜菜汁與橘色的紅蘿蔔汁加上奶黃粉，就能做出宛如萬聖節南瓜的橘紅色。

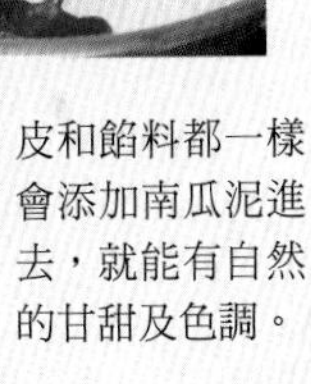
皮和餡料都一樣會添加南瓜泥進去，就能有自然的甘甜及色調。

黑色三合泥

黑米、黑豆、黑芝麻醬狀料理

材料 4 人份
黑米…100g
黑豆…40g
黑芝麻…30g
三溫糖…100g
水…560g
椰子油…160g
陳皮…16g
胡桃…適量
枸杞…少許

烹調方式

1 將黑米、黑豆放在水中浸泡一晚。以濾網撈起後瀝乾，攤開來放入120℃的烤箱中約 40 分鐘，使水分蒸發（a）。
2 將步驟 1 的材料各自以攪拌機（又或食物處理機）打成粉狀。黑芝麻也在炒過後一樣打成粉狀（b）。
3 以水將陳皮泡發，切除皮內側白色部分（c），將皮剁成較大的碎塊（d）。
4 將椰子油（e）、水、三溫糖（f）放入鍋中，把步驟 2 的材料放進去開小火。
5 將鍋勺放進去以轉圈圈方式攪拌（g）。慢慢蒸發水分，材料開始吸取油分的時候就會很快變成濃稠狀（h）。
6 添加陳皮進去攪拌（i），一邊注意不要燒焦，一邊不斷攪拌加熱。等到步驟 5 鍋裡的水分蒸發、油開始有些分離以後就關火（j），在熱騰騰的時候就盛裝到容器中（k）。放上枸杞及打碎的烤胡桃作為裝飾。

將浸泡在水中的黑米及黑豆徹底瀝乾以後，攤開來放進低溫烤箱當中烘乾。或者也可以使用小火炒約20分鐘取代烤箱烘乾。

將黑豆、黑米、黑芝麻三種材料各自以食物攪拌機打成粉末。黑豆可憑喜好來決定打到多細，留一些顆粒感作為口感。

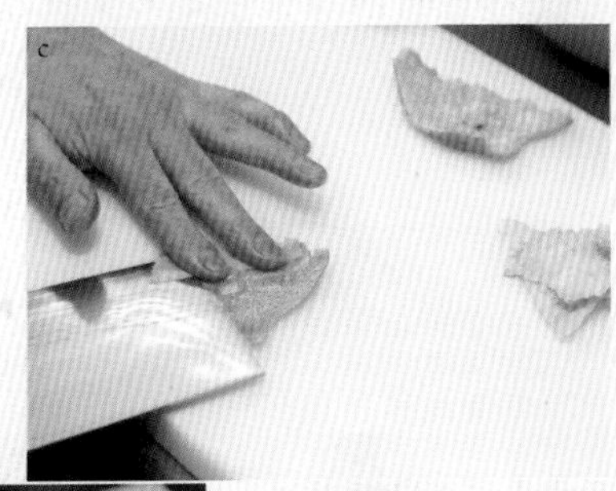

以水泡開的陳皮，將皮內側白色部分切除以後，將刀子放橫切為薄片，為了保留些許口感，剁碎的時候可以切大塊一些。

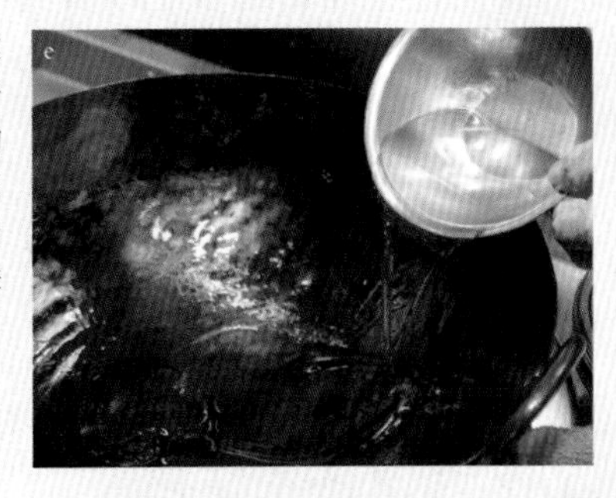

油脂使用較為健康的植物性椰子油，讓香氣能夠更輕妙。在四川當地通常會使用雞油或者豬油等動物性油脂。

做為甜味增添的砂糖是三溫糖，再加上帶濃郁感的焦糖，打造出溫和優雅的甜度。

由於一開始水分比較多，會有沙沙感。但其實非常容易燒焦，所以要以鍋勺不斷攪拌鍋內。

等到水分慢慢蒸發以後，粉類會開始吸取油分，就會忽然變得非常濃稠。水分消失以後會更容易燒焦，因此要十分留心火侯。

最後添加進去的陳皮，是為了在甜膩中增加清爽感。在四川當地也會使用橘子皮或者糖漬冬瓜。

最後完成的樣貌可說就像是「泥」一般的濃稠膏狀。在熱騰騰的時候就盛裝到器皿當中，點綴枸杞及胡桃上菜。

旬

百年太白醬肉

酒仙!!李白喜愛的味噌醃漬乾肉

太白烤素方

烤腐皮包味噌醃肉

在四川「醬肉」就是指以味噌來醃漬的肉類。「百年太白醬肉」這道料理名稱，是由於中國唐朝的詩仙太白（李白）非常喜愛醬肉，因此成為命名由來。

這是在寒冷又乾燥的時期能夠製作、屬於長期保存的一種材料，又被叫做臘肉。原本就是長期保存的食品，因此鹽分含量非常高，在此我們也考量其美味，活用味噌及酒香來調味，使人能夠品嘗到濃縮在肉類當中的美味。另外當地通常會使用帶皮的豬腿肉，不過在日本並不好取得，因此改以豬五花肉取代。

製作方法其實非常簡單，秘訣就在於要讓調味平均入味。等到入味以後再不斷上下改變方向吊掛，確保整條肉的味道相同。由於原本是在非常寒冷乾燥的時期製作的，因此如果在廚房內製作臘肉，那就要留心吊掛在能夠吹到風、乾燥的場所。

豬五花肉給人油膩的印象，但在乾燥以後重新蒸熟之後，由於已經去除多餘的油脂，反而是非常清爽的味道。另外油脂部分會變得有些通透感，外觀上也看起來非常美麗。這是一道能夠品嘗出鹹度與美味、與酒非常搭調的料理，作為前菜也非常受歡迎。

應用「百年太白醬肉」，我將腐皮夾臘肉之後烤的「太白烤素方」也會搭配著作為前菜出菜，又或者是主菜的陪襯小菜。

烹調方式見 P.144

象形皮蛋

仿四川風格黃金皮蛋甜品

象形鹹蛋

仿鹹蛋甜品

皮蛋是鴨蛋的加工品，一般來說大家知道的皮蛋，是蛋白部分會變成黑色的果凍狀態、蛋黃部分則是暗綠色的，不過在四川省提到皮蛋，則通常是蛋白部分為透明帶著美麗金黃色的蛋。以這種四川皮蛋為基礎，『飄香』添加了一些玩心，製作成「象形皮蛋」。

蛋黃部分是以南瓜及鹹蛋加上奶油等，做成了有些甜鹹口味的內餡，而黃金皮蛋風格的蛋白部分，則使用被稱為馬蹄粉的荸薺粉末為主，以紅花來上色並以杏露酒增添風味。同時為了增加一些口感，還放入荸薺的細絲。將這些材料塞進透明的膠囊當中，以蛋黃部分作為芯來打造成蛋形。冷卻凝固從模型中取下再切開，做成真的蛋一樣。

另外介紹一樣是加工的鴨蛋，這款仿的是以鹽巴醃漬的「鹹蛋」，也就是「象形鹹蛋」。蛋黃部分和「象形皮蛋」相同，蛋白部分則使用山芋泥。以膠質固定以後，一樣和蛋黃部分塞進透明模型裡冷卻。這是頗為異想天開的料理，但如果能夠將料理的由來及製作方式解說給客人聽，然後上這道菜，想必客人也能夠既驚又喜吧。

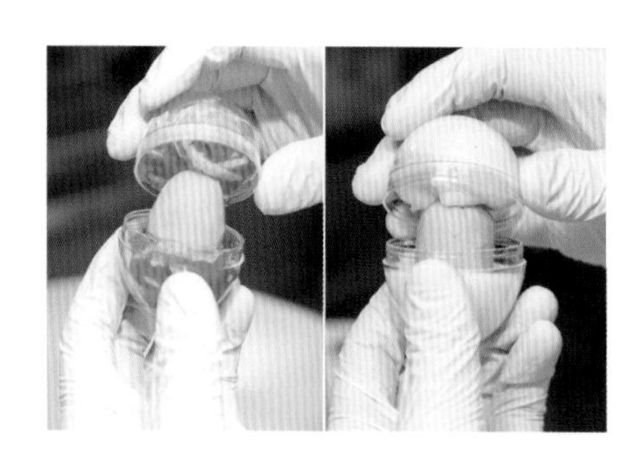

烹調方式見 P.146

魷魚口袋豆腐

烏賊風味豆腐濃湯

料理名稱的「口袋豆腐」是搓揉炸豆腐，使其中間出現空洞，做成一個口袋，加上使用了魷魚，因此成為這道菜色的名稱。

「口袋豆腐」雖然只是把豆腐拿去炸，是非常質樸的菜色，但這裡介紹的是能夠作為較奢華的宴席料理當中所使用的版本。這道魷魚口袋豆腐將豆腐與雞肉、豬肉泥混合在一起油炸，以加了鹼水的熱水汆燙以後，只把豆腐揉出來，是經過好幾個步驟、非常耗工的菜色。

在此我以魷魚的肉泥取代雞肉及豬肉的肉泥，製作這道「口袋豆腐」，搭配的是白湯與鮮湯混合在一起的濃厚湯頭。將魷魚與湯頭的美味疊加在一起，打造出一道既濃厚又濃郁的菜色。

製作方式首先是將豆腐與魷魚泥攪拌在一起，炸到香酥以後再以添加了鹼水的熱水汆燙。這樣一來，炸過的豆腐皮與當中的豆腐就非常容易分開，也能去除多餘油分使豆腐嘗起來更清爽。再另外以水清洗，輕輕搓揉以後，裡面就會出現空洞、成為口袋狀態，這時候再倒入湯頭以蒸烤爐蒸煮，湯頭就能夠滲透進豆腐當中。將此滷汁煮沸使其呈現白色混濁狀態以後，淋在「口袋豆腐」上，然後放上風味十足、厚度也具口感的乾魷魚切片。這就是我在傳統風格名菜加上自己的創意打造出的『飄香』風格口袋豆腐。

烹調方式見 P.148

清湯雙燕繡球

造型燕窩　白肉魚繡球造型

「繡球燕窩」是一道使用燕窩的傳統料理，而我將它以一些混搭的方式作成現代風格。所謂「繡球」原先是一種上面有傳統刺繡的手球，在這道菜當中是用來形容魚肉泥灑在燕窩上，宛如手球的樣子。

原本應該是要將魚肉泥抹在燕窩外層，仿照燕窩原先的樣子，做成丸子的樣貌，此處我是將蘿蔔切成細絲、與太白粉拌在一起，裹上去煮，然後再讓丸子吸收乾燥干貝的鮮味，重現出宛如燕窩原先滑溜的口感、打造出纖細風格的手球。

將手球樣貌的丸子放入有著優雅美味的清湯當中，搭配入口即溶的鹿腳筋一起上菜。雖然並非極端華麗，卻是口味上非常奢侈的一道菜。

以套餐方式上菜時，可以與使用濃厚白湯湯品的料理一起上菜，能夠與此道料理的清湯成為對比。舉例來說，如果和「魷魚口袋豆腐（P.132）」一起出菜的話，便能讓客人感受到湯品料理的多樣化及其深奧之處。

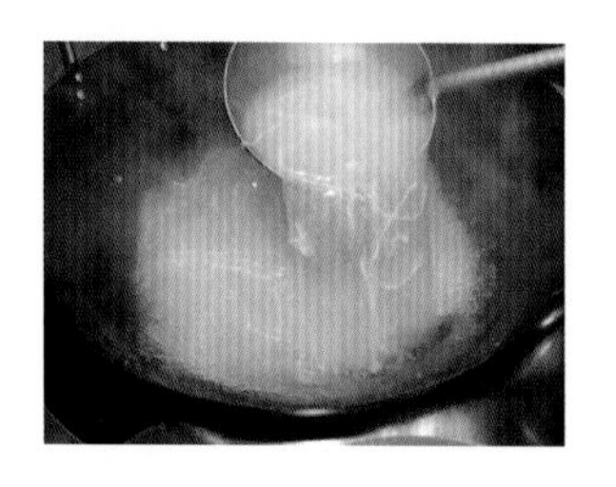

烹調方式見 P.150

天府豆花鯰魚

老四川風格鯰魚及豆花

具有豐富自然及古老歷史文化的四川，從以前就被稱為「天府之國」，是非常知名的物產豐富地區。位於內陸的四川雖然並未鄰近海洋，但鯰魚是淡水魚，因此是大量食用的魚類之一。魚身肉白且柔軟，也不太有腥味，因此能夠用在各種料理當中。

料理名稱當中的「豆花」是指非常柔嫩的豆腐。這裡的豆花是我自己使用豆漿及鹽滷製作的。將口感良好的鯰魚與豆花搭配在一起，再添加又辣又令人麻痺的「麻辣」口味醬料讓人品嘗。

另外上面作為裝飾的，是將小麥粉磨到非常細以後揉捏出來，再炸的酥脆的「饊子」，是一種傳統的油炸類麵食，搭配碎黃豆，來為口感增添一些趣味。柔嫩的豆腐與鯰魚，搭配酥酥脆脆的油炸點心，便能在同一道菜當中享用各種不同的口感及口味，是非常適合作為餐廳料理的一道菜色，增添不少附加價值。除了鯰魚以外也可以隨喜好使用其他白肉魚，也會非常美味。

烹調方式見 P.152

貴妃雞鮑

紅酒煮雞翅與鮑魚

這道料理是以「貴妃雞翅」為底本改良的，那是一種長時間燉煮雞翅的傳統料理，據說知名美女楊貴妃非常愛吃這道菜。

另外楊貴妃也很喜愛喝當時在中國算是非常稀有的葡萄紅酒，因此這道料理添加了很有可能是楊貴妃當時飲用的喬治亞產紅酒下去熬煮，藉此打造出沉穩的口味及色調。喬治亞是位於歐洲及亞洲邊境的國家，以紅酒發源地聞名，由於當地使用傳統手法來釀造，他們的紅酒對身體健康也非常好，因此現在受到世界各地矚目。

另外我將充滿膠原蛋白、入口即化的柔軟雞翅，搭配口感彈性魅力十足的鮑魚，非常奢侈的將兩者一起熬煮。鮑魚使用新鮮的活鮑魚，煮成就像乾燥鮑魚那樣非常紮實的口感，展現出其存在感。

烹調方式見 P.154

農家甜燒白

豬肉與紅豆的四川農家蒸煮

料理名稱當中的「甜燒白」是指切成薄片的豬肉當中夾了甜甜的中華風格紅豆餡，然後再和混有黑砂糖的甜糯米一起下去蒸的食物。原本是四川省的鄉下地方會端上桌的樸實料理。這道料理用了許多砂糖和豬油，以前是過舊曆年或者有重要客人來訪時才會端上桌，是質樸卻有些奢侈的料理，不過目前成都市內已經不是很容易見到。

順帶一提，除了此處介紹的甜口味「甜燒白」以外，還有添加四川特有醃漬物芽菜、並不甜的「鹹燒白」。

豬肉的油脂與中華風格紅豆餡非常對味，是很不可思議的組合。另外將清爽的陳皮與帶有鹹味的紅豆一起夾進去，作為口味的重點。在『飄香』除了作為套餐料理中辛辣料理之間出的菜色以外，也會提供單品料理。

烹調方式見 P.156

四川包子

四川肉包

包子是中國人會當作早餐或者點心，每天都可以吃的食物，尤其是當成早餐的人特別多，每天早上為了要買剛蒸好的包子，客人大排長龍是日常生活中的景色。

在『飄香』製作的包子，承襲了四川風格肉包的傳統製作方法，並添加一些獨家工夫。首先麵皮是以非常傳統的手法，使用老麵（酵母）來發酵，活用其微帶甘甜的發酵香氣。

用來做餡料的豬肉，絕竅是組合一半生、一半先加熱好的肉，來讓口感更好。豬肉先用菜刀剁碎，一半與芽菜、蔥、筍、香菇拌炒，添加少許花椒粉。在這餡料當中添加花椒粉，正是四川風格。這樣餘味也比較清爽。把這炒好的餡料與剩下沒加熱的豬肉一起拌匀，然後添加湯頭讓餡料徹底吸收水分。這也能讓餡料的口感較佳，避免蒸好以後一口咬下，結果發現餡料歪到一邊去，這樣才能將皮與餡料一起享用到最後一口。

烹調方式見 P.158

百年太白醬肉

酒仙!! 李白喜愛的味噌醃漬乾肉

材料 容易製作的分量
豬五花肉（整塊）…3kg
A
- 甜麵醬…300g
- 八丁味噌…100g
- 醪糟（P.016）…240g
- 紅砂糖（黑砂糖）…120g
- 五糧液（P.030）…40g
- 花椒鹽…60g
- 甘草粉（P.205）…10g
- 十三香（P.110）…10g
- 燈籠椒（P.202）…60g
- 胡椒…10g

老酒…適量
長蔥（切絲）、縱椒＊、香菜…各少許

＊縱椒
為形狀細長的辣椒，皮非常柔軟、乾燥後會變皺。以水泡發使用（P.202）。

烹調方式

1 將豬五花肉以劍山的針全部刺過一遍（a）。
2 將 A 的材料於大碗中混合，把步驟 1 的豬肉放進去攪拌（b、c）。
3 將步驟 2 的豬肉放進別的容器當中，毫無空隙的塞在一起（d、e），加上重物（大概五片盤子左右）之後包上保鮮膜。放入冰箱裡靜置冷藏一星期左右。中途大概兩天就拿出來把肉的上下翻一次面，確保肉要整個入味。
4 將步驟 3 的豬肉取出，擦掉多餘湯汁後以金屬籤打個洞，把棉線穿過去綁個圈。
5 將步驟 4 的棉線圈穿過金屬籤，吊掛在通風良好之處約兩星期左右，使其確實乾燥（f）。
6 將步驟 5 的肉快速清洗一下，擺上老酒、蔥綠部分、生薑切片一起放進蒸籠裡蒸大約 1 小時（g）。
7 將步驟 6 的肉切成 1mm 薄片（h）盛裝到器皿上，並且擺上長蔥絲、以水泡發的縱椒＊以及香菜。

太白烤素方

烤腐皮包味噌醃肉

材料 1 人份
腐皮…1 片
百年太白醬肉（參考上述：剁碎）…30g
韭黃（剁碎）…15g
A
- 低筋麵粉…15g
- 水…15ml

蔥（切絲）、縱椒＊、香菜…各少許

烹調方式

1 將太白醬肉切成 1mm 的薄片，然後剁碎。
2 將腐皮摺三摺以後打開，薄薄塗上一層把 A 混在一起做成的糊料。
3 將步驟 1 的太白醬肉、韭黃各半放在步驟 2 的腐皮正中央，然後把左邊摺回來（i）。
4 將步驟 3 摺起來的腐皮表面塗上 A 糊料（j），將剩下的太白醬肉與韭黃放上去。
5 把步驟 4 右邊的腐皮摺起來，輕輕按壓一下，以竹籤等在表面戳幾個洞（k），放進預熱到 160℃的烤箱裡烤大約八分鐘（l）。
6 切成容易食用的大小之後盛裝到盤上。擺上切絲的長蔥、以水泡發的縱椒及香菜作為點綴。

將乾燥以後變乾硬的乾豬肉用水快速洗一下，1 條肉搭配約 100ml 老酒、蔥綠部分及生薑切片，放進蒸籠裡蒸大約 1 小時。

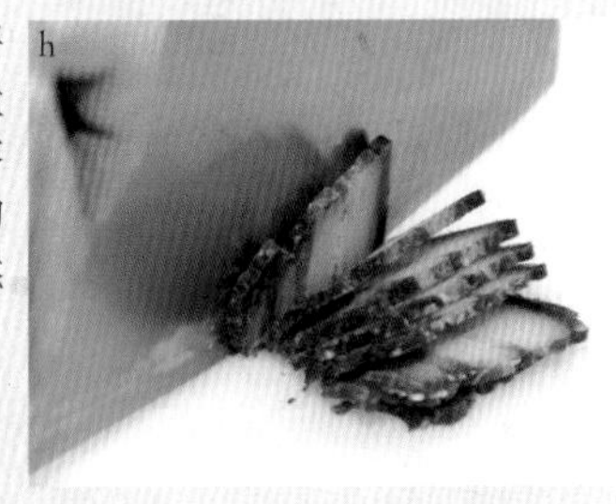

乾燥的豬肉先將預定使用的分量蒸好，等到有客人點菜再快速的蒸一下加熱，然後切片上菜。

◆「太白烤素方」製作方法

將塗好糊料的腐皮放上剁碎的內餡料，然後再塗上一層糊料，總共摺成三摺。

烤之前用竹籤在表面開幾個洞，這樣烤的時候才不會膨脹。

用烤箱來烘烤，作出酥脆口感。不管是作為前菜或者搭配料理一起上菜，客人都會很開心。

◆「百年太白醬肉」製作方法

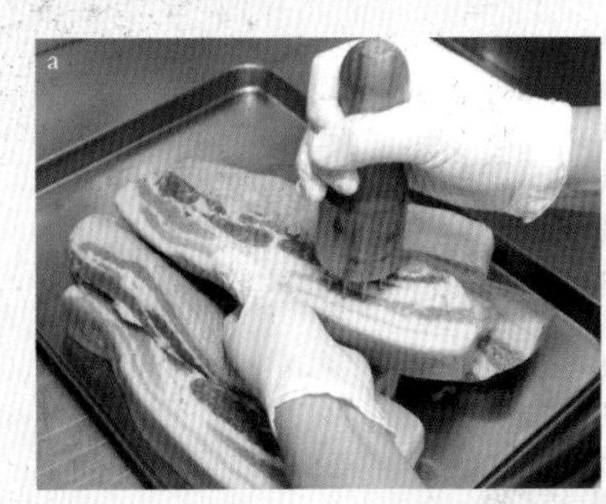

此照片中用來戳豬肉的是專用的工具。前頭為劍山形狀，用來戳豬肉塊或者帶皮豬肉部分時會使用這種工具。可以一次戳出許多具有一定深度的洞。

將肉一條條拿起，將調味料搓揉到肉塊上。仔細的執行這個步驟，味道才能確實沾附到每個部位，這樣完成品的味道會比較穩定。

將調好味道的肉條依照容器形狀擺放，盡可能不要有容許空氣進入的空隙。另外再加上重量密封。

已沾附味道的肉，將多餘水分擦掉以後，使用金屬籤戳出一個洞，把棉線穿過去打個圈。注意打洞的位置不能讓肉塊在吊掛的時候會破裂，要打在能夠確實吊穩的部分。

料理見 P.128

象形皮蛋

仿四川風格黃金皮蛋甜品

材料 4 個量

◆蛋黃部分（共通）
南瓜…24g
鹹蛋（以鹽醃漬的鴨蛋蛋黃）＊…24g
奶油…8g
細砂糖…1g
明膠…1.2g（以水 4.8g 泡發）

◆蛋白部分
馬蹄（黑荸薺）＊…36g
細砂糖…72g
熱水…170ml
番紅花…2g
A
- 馬蹄粉（黑荸薺粉）＊…28g
- 玉米粉…8g
- 水…45g
- 杏露酒…20g

＊鹹蛋
這是以鹽醃漬的鴨蛋，此處只使用鹽漬鴨蛋的蛋黃部分。由於帶有鹹度，可以活用其鹹味來應用在各種料理當中。

＊馬蹄（黑荸薺）
這和有著長芽的日本荸薺是不同種類的植物。魅力就在於爽脆的口感。雖然也有水煮罐頭，不過使用新鮮荸薺的口感會比較好。

＊馬蹄粉（黑荸薺粉）
添加水分加熱以後，會具有比太白粉還強的彈性，特徵就在於有彈性的嚼勁。

＊蛋形膠囊容器
使用的是透明塑膠製容器。也可以使用復活節蛋的模型。

烹調方式

1 製作「蛋黃部分」（共通）。將鹹蛋（以鹽醃漬的鴨蛋）的蛋黃以濾網壓碎。
2 將南瓜蒸到柔軟，以濾網壓碎成滑順狀，在還溫熱的時候添加奶油、以水泡發的明膠，徹底攪拌均勻。添加細砂糖與鹽調味。
3 將步驟 1 與步驟 2 的材料混在一起攪拌均勻（a），等分成 1 個 16g 後搓圓（b）。
4 製作「蛋白部分」。將番紅花浸泡在食譜分量中的熱水大約 20 分鐘（c）。
5 將步驟 4 以濾網過濾，拿起一半的番紅花再放回鍋中，開火加熱（d）。
6 將細砂糖加入步驟 5 的鍋子溶解，加入切成細絲的荸薺。重新煮到沸騰以後，將 A 混在一起以小火過火。等到粉末已加熱，開始有些透明化之後就關火（e）。
7 打開透明膠囊容器＊兩邊各自裝入步驟 6 的黃金色蛋白部分，裝到約八成滿。
8 拿著一半步驟 7 的蛋白部分，將步驟 3 的蛋黃部分壓進去（k），然後把步驟 7 的另外半邊蓋上，整個闔起來。
9 將步驟 8 的模型放入冰箱中冷藏凝固（h），凝固以後就由模型中取出（l）。

象形鹹蛋

仿鹹蛋甜品

材料 4 人份

◆蛋黃部分
參考「象形皮蛋」的蛋黃部分…所有份量

◆蛋白部分
山藥…150g
A
- 細砂糖…30g
- 鮮奶油…27g
- 粉狀明膠…5g（以水 20ml 泡開）

烹調方式

1 製作「蛋白部分」。將山藥去皮蒸熟，在還溫熱時以濾網磨碎（i）。
2 將步驟 1 的山藥放進大碗當中，把 A 的材料依順序加入攪拌（j）。
3 蛋黃部分與「象形皮蛋」是一樣的做法，等分成一個 16g 搓圓。
4 打開透明膠囊容器＊兩邊各自裝入步驟 2 的黃金色蛋白部分，裝到約八成滿。
5 拿著一半步驟 4 的蛋白部分，將步驟 3 的蛋黃部分壓進去（k），然後把步驟 4 的另外半邊蓋上，整個闔起來。
6 將步驟 5 的模型放入冰箱中冷藏凝固，凝固以後就由模型中取出（l）。

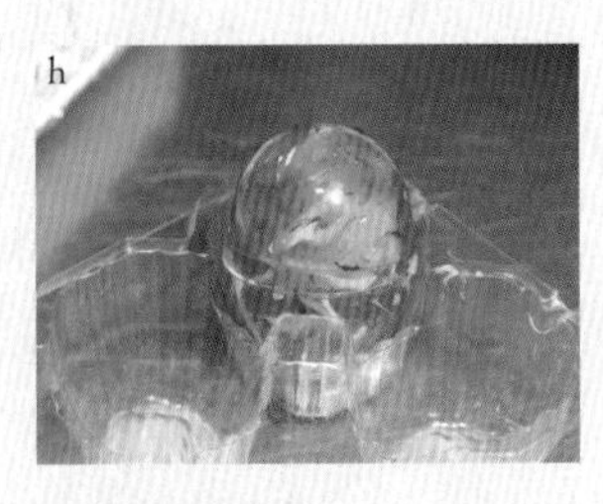
在冰箱裡冷藏的時候，可以使用雞蛋包裝的外盒，這樣就能放得很穩、也比較好拿。

【象形鹹蛋】

◆製作蛋白部分

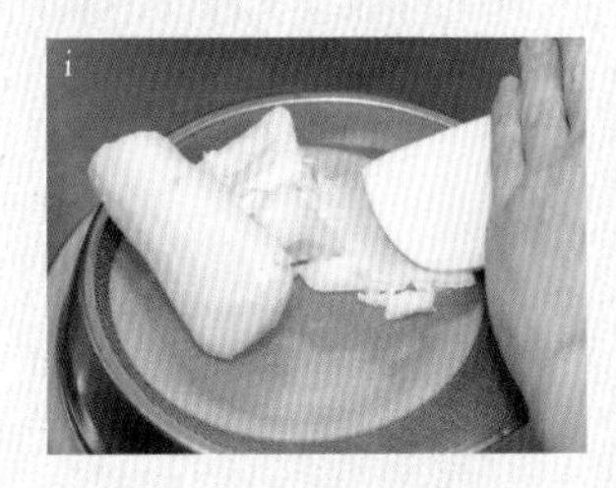
日本山藥的黏性非常強，特徵就是有非常滑順的口感。在山藥還熱燙的時候就用濾網磨碎，山藥會比較柔軟、容易處理。

蛋白部分添加細砂糖，讓口味與帶有鹹度的蛋黃部分取得平衡。另外也用明膠來做凝固，就能夠打造出有彈性的口感。

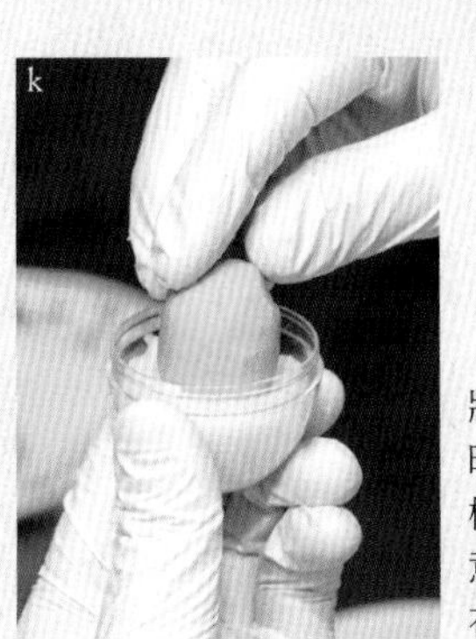
將蛋黃部分插進去的時候、以及蓋上膠囊模型的時候，都要注意蛋黃的部分有沒有在正中間。

製作完成的「象形黃金皮蛋」以及「象形鹹蛋」的完成度非常高，看起來幾乎不像是仿造的蛋（l）。

這是真正的黃金皮蛋和鹹蛋。

【象形皮蛋】

◆製作「蛋黃部分」（共通）

加入南瓜泥的細砂糖分量，必須根據南瓜本身的甜度來調整。

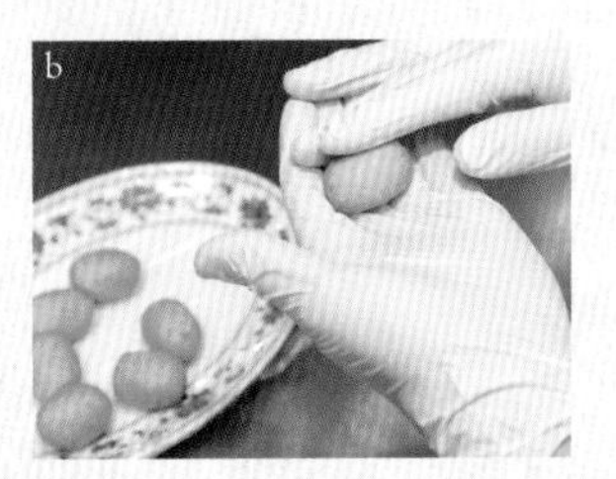
將蛋黃部分搓圓時，要注意必須將空氣擠出，要好好壓緊，並將形狀調整成稍微偏橢圓形的樣子。

◆製作蛋白部分（黃金色）

由於番紅花的色素是水溶性的，因此可以泡在熱水當中釋出金黃色。另外也會帶有獨特的芬芳。

如果將番紅花全部留在裡面加熱，顏色會太深、變成接近紅色，因此取出一半之後再使用，這樣就能維持黃金色。

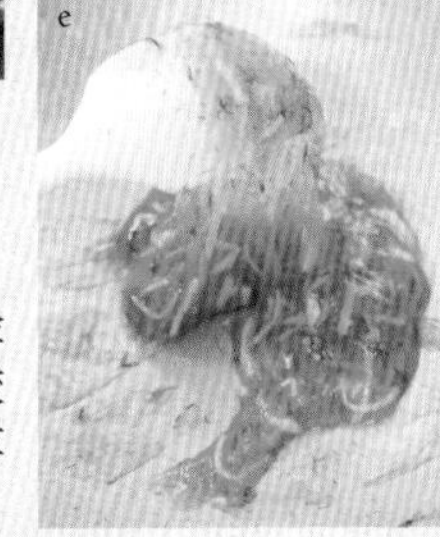
攪拌起來是透明的黃金色。剛做好因為會比較燙，請稍微放涼一些再進行下一個步驟。

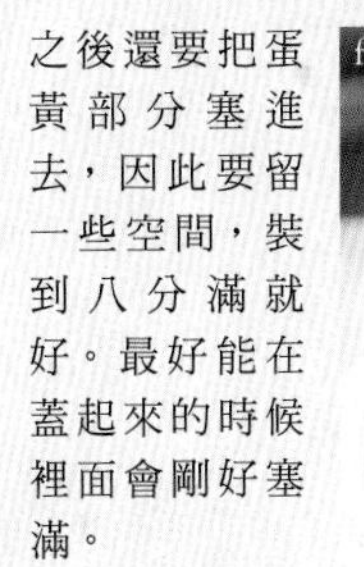

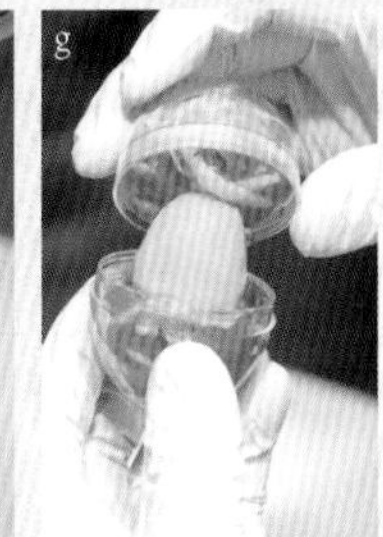
之後還要把蛋黃部分塞進去，因此要留一些空間，裝到八分滿就好。最好能在蓋起來的時候裡面會剛好塞滿。

魷魚口袋豆腐

烏賊風味豆腐濃湯

材料 4 人份

乾魷魚＊…1 片

A

- 白湯（P.199）…400ml
- 鮮湯（雞湯／ P.198）…400ml
- 長蔥、生薑…各適量
- 花椒…5 ～ 6 顆

◆口袋豆腐

- 木棉豆腐（以重物壓一整晚）…100g
- 魷魚肉泥＊…100g
- 蛋白…1 大匙
- 太白粉…1/2 小匙
- 蕾菜（芥菜的花苞）…少許
- 蔥油…少許
- 太白粉溶液…少許
- 胡椒…少許
- 雞油…少許

＊乾魷魚

將唇瓣烏賊乾燥後的材料，中國產。泡發的方法是使用 2L 水加入 30ml 鹼水，浸泡一整晚以後，再用水洗去除鹼水，之後再使用於料理上。照片右邊是乾燥的材料，左邊則是泡了一晚恢復原先的樣子。如果無法取得唇瓣烏賊的話，也可以使用肉質較厚的乾燥北魷。

＊魷魚肉泥

將北魷（新鮮）250g、豬背油 75g、鹽 3.5g、蛋白 50g、老酒 10ml、蔥薑水（P.016）50ml、胡椒少許、太白粉 50g 拌在一起，以食物攪拌機打成泥狀。

烹調方式

1. 準備好泡發的乾魷魚，與 A 的材料一起放入鍋中，以小火燉煮 20 ～ 30 分鐘。
2. 「製作口袋豆腐」。將瀝乾的豆腐放在大碗當中，與磨碎的魷魚拌在一起，以手攪拌均勻。
3. 將蛋白、太白粉加進步驟 2 的大碗當中（a），再繼續攪拌均勻。
4. 以湯匙挖起步驟 3 的豆腐泥，並調整呈紡錘形狀（b），放進低溫炸油當中（c），油炸直到表面呈金黃色、裡面也熟了（d）。
5. 在鍋裡放 500ml 水、15ml 鹼水（以上皆不在食譜分量內）煮沸，把步驟 4 的豆腐放進去輕輕汆燙（e），接著以普通的熱水汆燙 2 次，去除鹼水。
6. 將步驟 5 的豆腐快速過一下冰水（f），以廚房紙巾等徹底擦乾以後（g）放進容器當中。
7. 將步驟 1 中熬煮的魷魚身體（較厚處）部分取出，切成容易食用的大小（h）。
8. 將步驟 7 的湯汁過濾倒入步驟 6 的容器當中（i），並將步驟 7 的魷魚也放進去（j）。
9. 將步驟 8 的容器蓋上保鮮膜，放進蒸烤爐（85℃、20 分鐘）當中加熱。
10. 在鍋裡加熱蔥油，把步驟 9 的湯汁倒進去，蓋上鍋蓋開大火（k）。等到咕嘟咕嘟沸騰、湯開始乳化呈現白濁顏色（l），就把太白粉溶液倒進去勾芡。最後以胡椒調味，淋上雞油。
11. 把蕾菜切成薄片，快速以鹽水汆燙一下先放在一旁。
12. 將步驟 9 的「口袋豆腐」盛裝在盤上，擺上步驟 11 的蕾菜作為裝飾，然後淋上步驟 10 的湯汁。

◆製作「口袋豆腐」

為了讓魷魚肉泥能夠有彈性、口感有嚼勁，因此添加蛋白及太白粉進去作為黏劑。

以兩支湯匙來將「口袋豆腐」的漿底做成如橄欖球的紡錘形。最後沾點油在湯匙上去調整，就比較能夠讓漿底脫離湯匙，也能讓表面更加平滑，不容易破裂。

「口袋豆腐」要在炸油溫度較低的時候放進去，花費時間去慢慢的炸熟，炸到表面金黃酥脆。如果溫度過高、又或者炸的時間太長，都會導致豆腐裂開或者破掉，因此要多加留心。

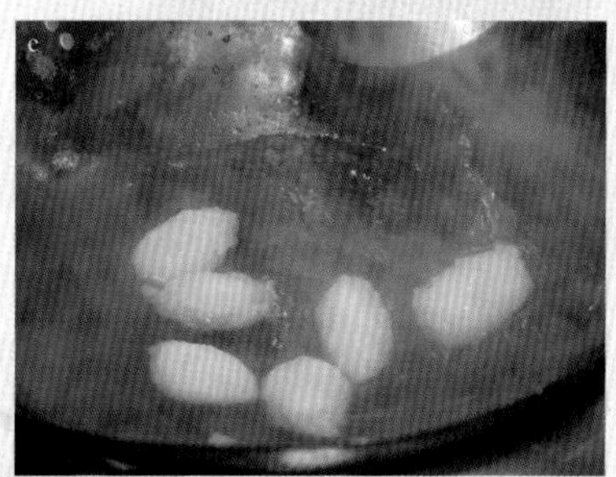

「口袋豆腐」炸好以後，就放進添加了鹼水的熱水裡汆燙，讓豆腐的部分變柔軟。之後為了要去除鹼水，以熱水燙煮兩次。為了使漿底不要再次散開，必須馬上放進冰水裡冷卻。

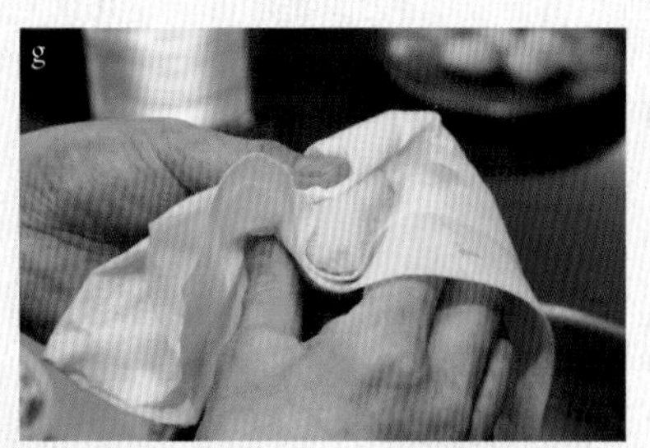

以冰水冷卻的「口袋豆腐」以廚房紙巾等擦乾水氣。此時要注意不可以弄破豆腐，一邊輕輕地稍微揉捏一下，這樣之後裡面會比較容易吸取湯頭（左邊照片是將「口袋豆腐」切成一半。可以看到裡面已經形成空洞）。

使用白湯與雞湯一起熬煮的魷魚，取出肉質較厚的部分，切成和「口袋豆腐」差不多相同的大小。用來熬煮的湯汁在過濾以後，倒入原先裝肉泥的容器當中。

將魷魚和「口袋豆腐」都泡在奢侈且濃厚的湯頭當中，稍微露出一點，接下來再使用蒸烤爐蒸煮，就能讓湯頭的味道徹底滲入。

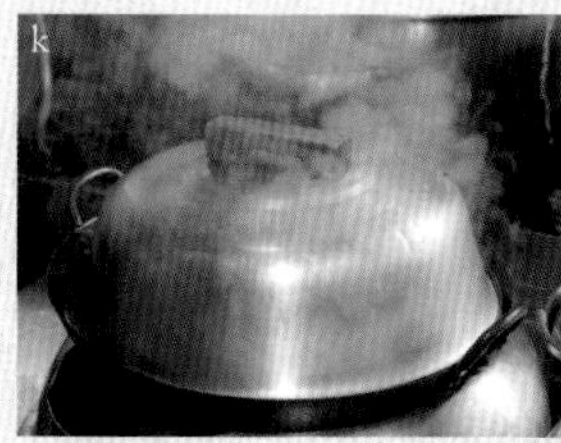

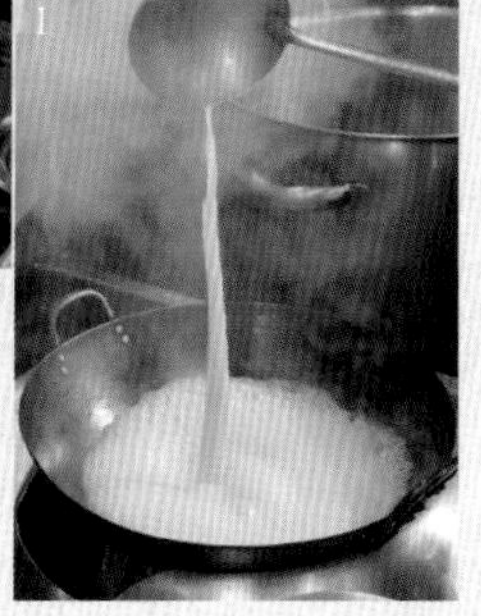

將蓋子蓋住白湯使其溫度上升，強烈沸騰以後就能讓油脂及膠原蛋白乳化，變成白濁的樣子。

料理見 P.132

清湯雙燕繡球

造型燕窩　白肉魚繡球造型

材料 4 人份
蘿蔔…80g
太白粉…適量
干貝（已泡發）…12g
鹿腳筋（已泡發）＊…40g
清湯（P.199）＊…400ml
◆魚肉泥
白身魚（鯛魚或鱈魚等）…175g
豬背油…75g
鹽…2.5g
老酒…5g
蛋白…30g
蔥薑水（P.016）…15g
太白粉…12g
胡椒…少許
太白粉溶液…少許

＊清湯
充滿美味的澄澈奢侈湯頭。製作方法是將過濾的高湯（P.198）500ml、雞絞肉及豬絞肉各 140g、老酒 50ml 放入較大的碗中以打蛋器徹底攪拌均匀，放入長蔥、生薑。在瓦斯爐上架網子以小火熬煮。等到湯頭開始變透明以後就關火，使用廚房紙巾過濾。

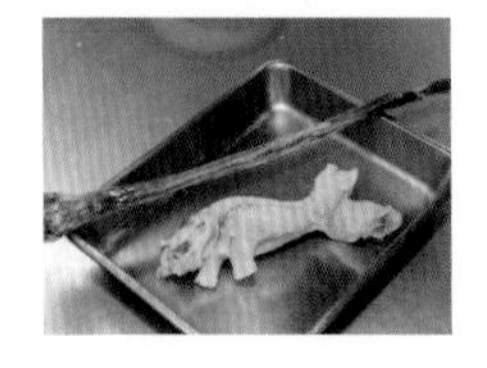

＊鹿腳筋
又被稱為「鹿筋」，在中國也會被用來作為漢方藥材，是高級食材之一。照片遠方是乾燥狀態的樣子，還帶著蹄，證明是來自鹿身上。靠手邊則是花費四天泡發的腳筋。

烹調方式

1　準備好泡發的鹿腳筋，切成細絲。
2　製作「魚肉泥」。材料全部放進食物攪拌機當中，打成泥狀。
3　將白蘿蔔切成非常細的絲，灑上一點鹽，以手擰乾（a）。然後用廚房紙巾包起來，用力扭乾（b）。乾燥的干貝浸在水裡泡開。
4　將步驟 3 的白蘿蔔絲灑上太白粉（c），在熱水裡添加太白粉溶液，把蘿蔔絲放進去以中火煮，等到蘿蔔絲變得有些透明以後就撈起來（d）放進冰水當中。
5　將步驟 4 的蘿蔔絲瀝乾，把泡發干貝用的湯汁淋上去（e）。然後把泡開的干貝撕開來灑進去（f），輕輕攪拌所有材料，等分成 4 分放在托盤上。
6　將步驟 2 的魚肉泥分成四等份搓圓，灑上適當分量的太白粉以後放在步驟 5 的托盤上（g），把蘿蔔絲和甘貝都灑上去（h）之後放進鋪好保鮮膜的容器當中。
7　將步驟 1 的鹿腳筋放在小盤子上，擺上冷卻後成為果凍狀態的清湯（i），包上保鮮膜。
8　將步驟 6 和 7 的容器都放在托盤上，一起用蒸烤爐（85℃、20 分鐘）加熱（j）。
9　將步驟 8 中灑上蘿蔔絲與干貝的魚肉泥放進容器當中，並且擺上加熱好的步驟 7 鹿腳筋（k）。
10　將步驟 8 中用來蒸煮而剩下的高湯倒入鍋中開火，加入少許太白粉溶液勾芡，淋在步驟 9 的容器上（l）再上菜。

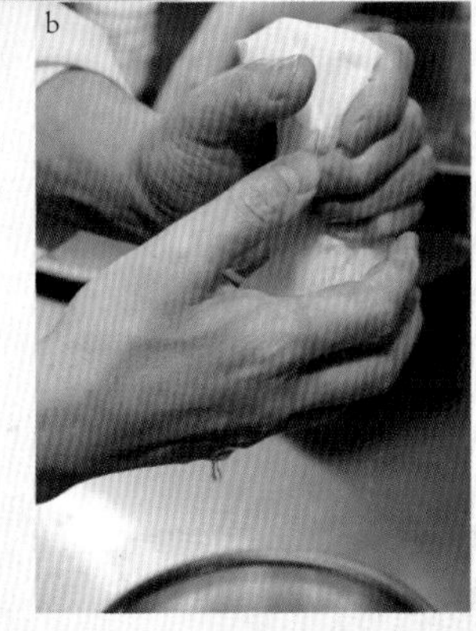

要灑在魚肉泥上的蘿蔔絲必須分兩次徹底擰乾，是為了在灑太白粉的時候，不會沾到太多粉末導致變得非常重、又過於黏膩。

灑上太白粉的蘿蔔絲，以加了太白粉溶液的熱水汆燙，再馬上以冰水急速冷卻，就會有著高級食材乾燥燕窩泡發後的那種滑溜口感。

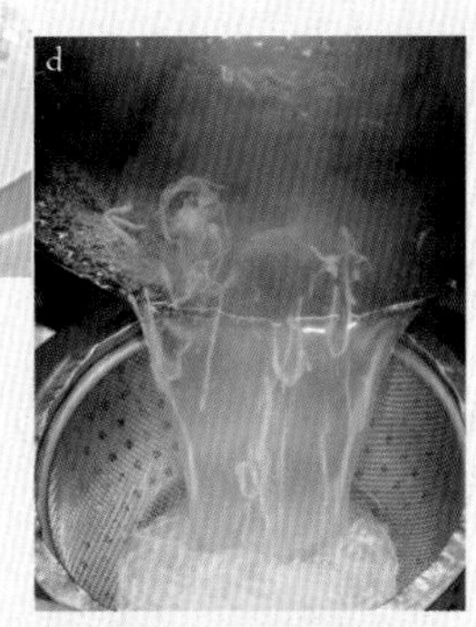

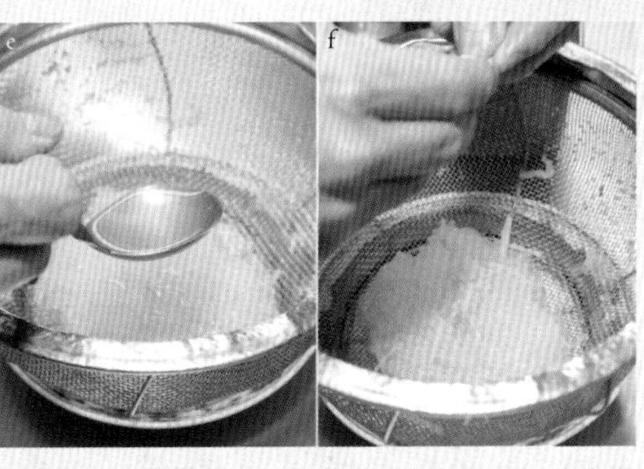

切成細絲的蘿蔔淋上鮮味濃郁的干貝泡發湯汁來調味，並且加上泡發撕開的干貝攪拌。

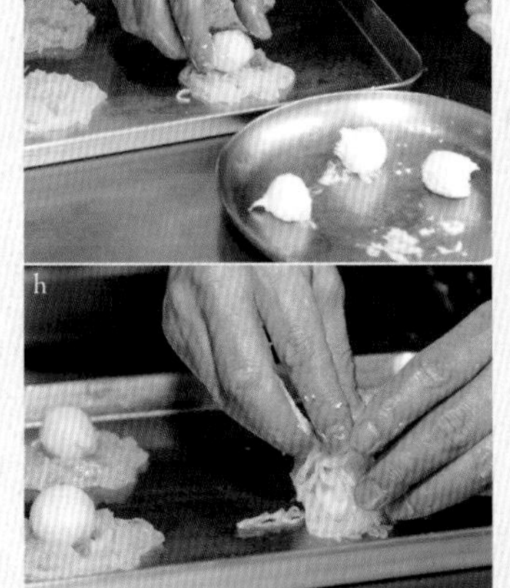

搓圓的魚肉泥灑上太白粉，讓外層比較好沾附上去以後，再灑上蘿蔔和乾燥干貝。要裹到看不見魚肉泥，整個包起來。

鹿腳筋和清湯一起加熱，就能夠吸取湯頭精華美味，又帶著彈潤有力的口感。此處我是使用鹿腳筋，不過也可以使用豬腳筋。

鹿腳筋由於與清湯一起蒸，能夠吸收湯頭美味、且入口即化，將它盛裝到容器當中。

最後加熱一下用來蒸這道菜的湯頭，並且加入一點太白粉溶液勾芡，再淋到繡球上，就會看起來十分優雅。

天府豆花鯰魚

老四川風格鯰魚及豆花

材料 4 人份
鯰魚（片好的魚肉）…200g
A
鹽、胡椒…各少許
老酒…10ml
蛋白…20g
太白粉…15g
子彈頭辣椒（紅辣椒／ P.202）＊…20g
青山椒…1g
油…適量
B
豆瓣醬…16g
辣粉…8g
醪糟（P.016）…16g
豆豉（剁碎）…12g
生薑、大蒜（各自剁碎）…各 10g
C
魚湯＊…120ml
鹽…少許
老酒…10ml
醬油…3ml
焦糖（P.200）…5ml
D
榨菜…20g
青蔥（斜切）…20g
芹菜…5g
太白粉溶液…8ml
豆花＊…200g
黑醋（保寧醋）…6ml
E（最後加工的油）
飄香香料油（P.201）…40ml
花椒油…40ml
藤椒油（P.030）…20ml
饊子＊…適量
脆黃豆（油酥大豆）…適量
香菜…少許

＊子彈頭辣椒
紅色辣椒的品種之一，小顆且為圓滾滾的樣子，特徵是非常深的紅色。加熱之後會有豐富而濃郁的香氣。

＊魚湯
此處是將鯰魚頭及魚脊骨等魚雜汆燙之後，與蔥、生薑一起熬煮出來的湯頭。

烹調方式

1 將鯰魚（a）的頭剁掉，去除魚脊骨及內臟等，然後片為三片。
2 將步驟 1 片好的魚塊皮朝下擺放，將菜刀橫躺切到貼近魚皮處，接下來一樣橫向片魚，切到接近魚皮處，重複此動作將魚片成薄片（b）。
3 將步驟 2 片好的鯰魚以熱水快速汆燙一下（c）放進冰水中冰鎮（d）。
4 將 D 的榨菜適度去除一些鹽分以後切成 5mm 塊狀，斜切青蔥。將芹菜剁成較大的碎塊，先放在一旁。
5 將油、去除種子的子彈頭辣椒（紅辣椒）＊、青山椒一起放入鍋中開小火，使香氣與辛辣味轉移到油當中（e）。
6 等到子彈頭辣椒＊變成紅黑色，就以網子把它與青山椒一起撈出來（f），放進研缽當中磨碎備用（g）。
7 將 B 加入步驟 5 的鍋子當中拌炒，等到帶出香味以後就將 C 加進去（h）拌炒。
8 將步驟 3 的鯰魚放進步驟 7 的鍋中，將步驟 4 的榨菜、青蔥、芹菜加進去攪拌（i）。
9 將太白粉溶液加入步驟 8 的鍋中勾芡，最後再淋上一些黑醋（j）。
10 以湯匙將豆花＊盛裝到容器當中（k），將步驟 9 的材料淋上去，並將步驟 6 中磨碎的辣椒灑上去（l）。
11 將 E 的油一起放入另一個鍋子加熱，然後淋在磨碎的子彈頭辣椒及青山椒上，最後灑上饊子與脆黃豆（油酥大豆）、香菜作為裝飾。

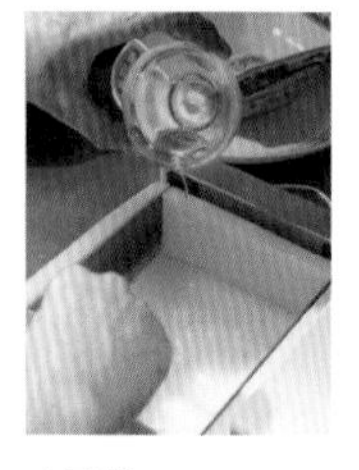

＊豆花
自己製作的產品。使用鹽滷等凝固劑來凝固豆漿製成。加熱 1L 豆漿，慢慢加入 8g 鹽滷並攪拌，以小型的豆腐製造機加熱大約 15 分鐘，就能夠凝固但仍柔軟。

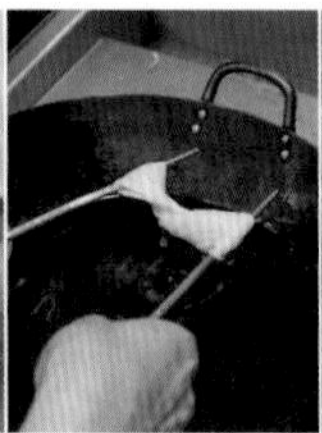

＊饊子
將小麥粉麵團一邊沾油一邊拉成細繩狀卷起來，然後油炸製成。香氣十足又酥脆，在四川當地會被當成零食，是大家很熟悉的東西，此處作為餐點裝飾用途。

鯰魚在四川省是非常受歡迎的食材。柔軟而色白的鯰魚魚肉，要讓菜刀橫躺、切到接近魚皮處片下來，接下來也一樣橫放菜刀切進去，片下非常薄的魚片。這樣一來，就能夠和盛裝在一起的豆花＊那滑順的口感融為一體。

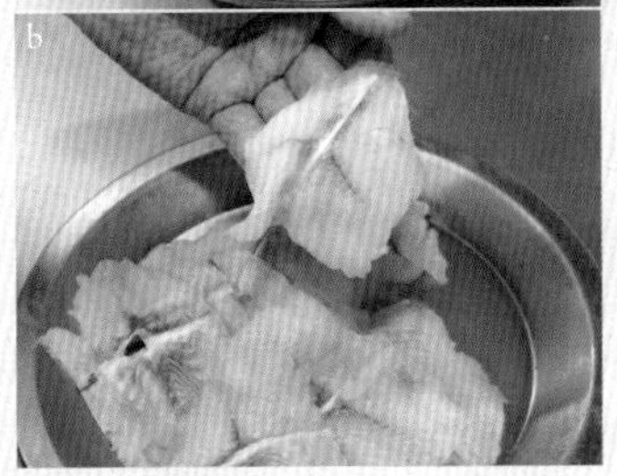

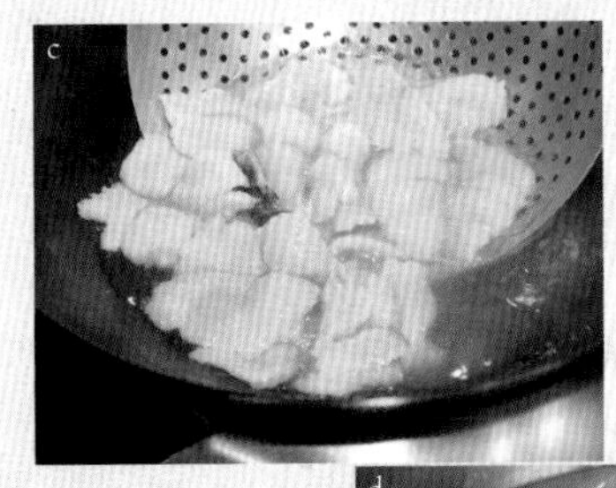

將調好味的鯰魚以熱水汆燙，再快速放入冰水中冰鎮，這樣口感會比較滑順、熬煮後也不容易散開。

子彈頭辣椒取出種子以後再使用。以油翻炒子彈頭和青山椒，能讓香氣與辛辣味轉移到油當中，製作出有辣味及麻痺感的「麻辣油」。一直炸到子彈頭辣椒變黑之後，就用網子把子彈頭辣椒和青山椒撈起來。

以油炸過的紅色辣椒和青山椒磨碎備用。這樣會讓辣椒在入口瞬間會先感受到甜味而非辛辣，之後才會湧上一股辛辣味與麻痺感，能夠打造出非常複雜的辣度與香氣。這會用來最後妝點料理。

將鯰魚魚雜熬煮的「魚湯」加進去燉煮。由相同材料熬煮出來的湯頭作為醬料基礎，能夠展現出料理的整體感。

最後添加的口味是青蔥、芹菜、榨菜。榨菜本身有鹹度、美味、爽脆的口感，能為料理增添色彩。也可以使用冬菜等取代榨菜。

以太白粉溶液稍微勾芡一下，再添加少量的黑醋，能讓口味更加濃醇。黑醋最後再加進去的效果會比較好。

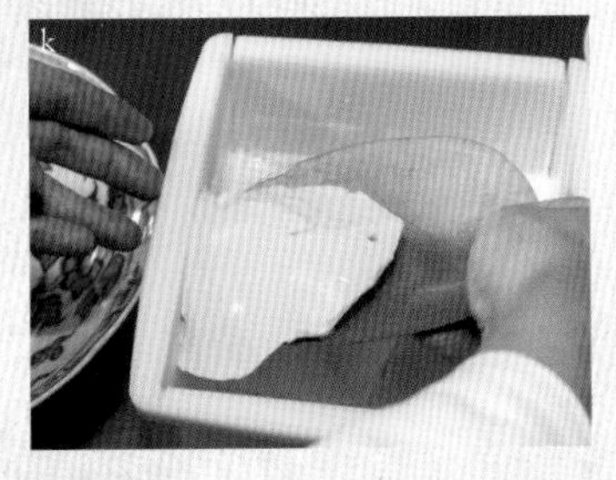

自己製作豆花，優點是可以隨喜好調整口感或者濃度等。我的店裡會用小型豆腐機來製作。用比較大的湯勺來挖也沒有問題。

已經爆香的子彈頭辣椒和青山椒最後再淋上熱油，更能增添香氣及辛辣度。

料理見 P.136

貴妃雞鮑

紅酒煮雞翅與鮑魚

材料 8 人份
鮑魚（帶殼）…8 顆
紅酒（鮑魚調味用）＊…40ml
雞翅…8 支
紅酒（雞翅調味用）＊…40ml
醬油（雞翅調味用）…20ml
A
- 豬腱肉…375g
- 老雞…375g
- 豬皮…125g
- 鴨翅…125g
- 雞腳…125g

B
- 火腿（金華火腿）…37.5g
- 乾燥干貝…30g
- 陳皮…3g
- 白胡椒粒…1g
- 火蔥…75g
- 生薑…12.5g

紅酒…470ml
鮮湯（雞湯／ P.198）…4L
焦糖（P.200）…20ml
黑砂糖…12.5g
鹽…5g
紅酒＊（最後添加用）…200ml
雞油…少許

＊紅酒
使用喬治亞產的紅酒。喬治亞是鄰接俄羅斯與黑海的國家，據說是世界上最古老的紅酒生產地。該國使用傳統手法製作的紅酒，特徵就在於有葡萄的味道、以及確實的酸味。

烹調方式

1. 將帶殼鮑魚以水清洗乾淨，灑上紅酒浸泡約 1 小時左右（a），放進蒸烤爐當中（85℃、20 分鐘）加熱。
2. 將 A 的材料（b）各自隨意切成適當大小，以熱水汆燙（c），然後以流動水清洗，去除髒汙及血漬（d）。
3. 在較大的鍋中鋪好竹網，把帶殼鮑魚直接放在竹網上，殼朝下方排列，然後將步驟 2 的材料放上去（e）。再將 B 的材料也全部放上去。
4. 將紅酒（f）、鮮湯（雞湯）、焦糖、鹽、黑砂糖放進步驟 3 的鍋中，然後開火。等到沸騰以後就轉小火，繼續燉煮 4 小時（h、g）。
5. 將鮑魚從步驟 4 的鍋中取出，把鮑魚肉從殼上取下，並將鮑魚肉再次放回鍋中，繼續以非常小的小火燉煮 1 個半小時～ 2 小時。
6. 將雞翅放進紅酒與醬油當中浸泡 30 分鐘（i）。等到入味以後就以高溫油炸雞翅（j）。
7. 將步驟 6 的雞翅及紅酒（最後添加用）放進步驟 5 的鍋中（k），熬煮約 30 分鐘左右關火，剔除雞翅的骨頭（l）。
8. 青花筍以添加了少許鹽與油的熱水快速汆燙一下撈起，灑上一點鹽之後在鍋中快速炒一下。
9. 製作醬料。將步驟 7 的滷汁放入鍋中開火。等到沸騰並開始變得濃稠以後就將雞油淋進去。
10. 將步驟 8 的青花筍盛裝到容器當中，步驟 7 的鮑魚及雞翅也盛裝上去，最後淋上步驟 9 的醬汁上菜（m）。

將鮑魚先以紅酒調味。紅酒具有去腥臭以及讓香氣更佳的效果。

濃厚湯頭美味的來源是A的材料（豬腱肉、老雞、豬皮、鴨翅、雞腳），先汆燙過去除多餘的油脂與髒汙、血漬等，再放進去熬煮的話，就能做出有濃郁感卻沒有雜味的高雅湯頭。

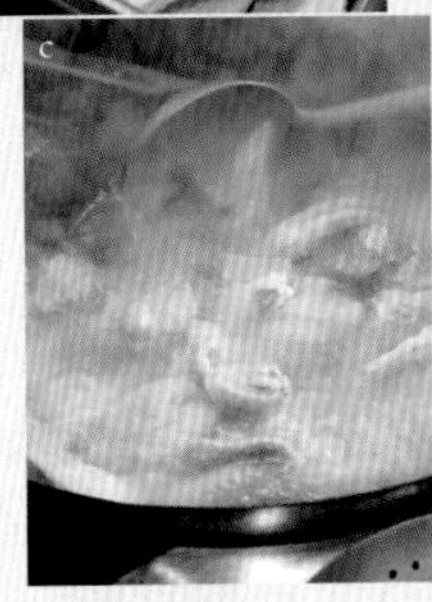

將竹網鋪在鍋底，然後長時間燉煮，這樣火侯會比較柔和、肉質容易變軟，也能夠煮得比較漂亮。

大量添加喬治亞產的紅酒，花費4小時仔細燉煮。途中出現雜質的時候要撈起來。添加紅酒會增添濃郁度，也能讓料理的顏色變深。也具有使肉質變軟的效果。

先把鹽和黑砂糖都加進去以後再開火煮到滾，鮑魚的嚼勁會更好。

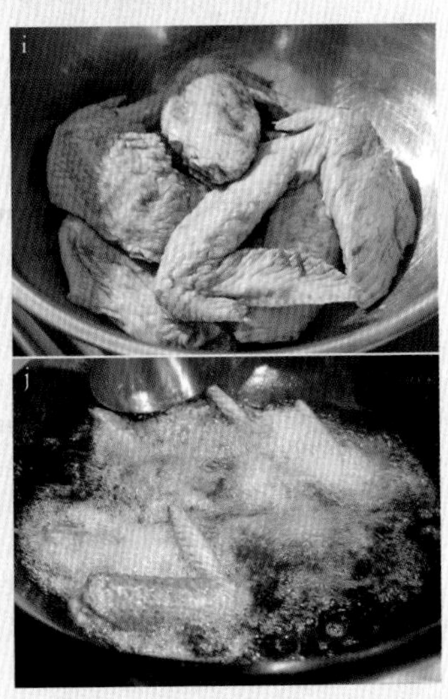

將事先調好味的雞翅擦乾，以高溫油炸。在這個階段不需要炸到非常熟。只是要讓表面稍微變硬、以免煮的時候變形。調味時有使用醬油，因此能夠炸得非常金黃酥脆。

一邊把滷汁淋在材料上，一邊煮成帶光澤的顏色。煮好的雞翅切除兩端之後維持完整形狀將骨頭抽出。由於此時雞肉已經變得很軟，抽骨頭的時候要注意不能讓它變形。

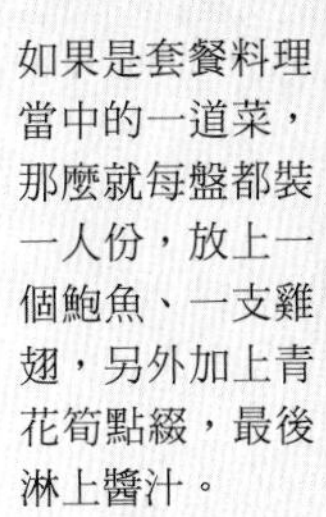

如果是套餐料理當中的一道菜，那麼就每盤都裝一人份，放上一個鮑魚、一支雞翅，另外加上青花筍點綴，最後淋上醬汁。

農家甜燒白

豬肉與紅豆的四川農家蒸煮

材料 5～6 人份
帶皮豬五花肉整塊…400g
焦糖（P.200）…1/2 小匙
中華風格紅豆餡＊…120g
鹽煮紅豆＊…下述全量
陳皮（已泡發）…6g
糯米…200g
黑砂糖…10g

◆黑芝麻餡料
炒黑芝麻粉…20g
上白糖…20g
豬油…10g
花生粉…20g
砂糖…20g
糖煮金柑＊、枸杞、雪維菜…各少許

＊中華風格紅豆餡
又被稱為「豆沙」，經常使用於點心上。這是將豬油、磨碎的紅豆及芝麻等混在一起加熱後攪拌揉捏製作。

＊鹽煮紅豆
以紅豆 8g、水 30ml、鹽 1.5g 放進大碗當中，蒸到紅豆變軟。

＊糖煮金柑
將明膠加到糖漿當中煮化，倒進金柑盅（把金柑對半切開後挖出種子）當中，加上醪糟、枸杞，放進冰箱冷藏凝固。如果能灑上一些雪維菜會更五彩繽紛。

烹調方式

1. 將豬五花肉放進蒸烤爐（85 度 C、50 分鐘）加熱後取出，將焦糖塗滿整個豬皮，然後豬皮朝下以高溫油炸豬皮部分，直到香氣四溢後取出（a）。
2. 將步驟 1 的五花肉除了皮以外的側面都切平，將皮朝下放置。以菜刀切下寬 1～2mm 左右寬度，此時肉要連在皮上不可切斷。然後再切 1～2mm 寬，這次要下刀切斷皮（b、c）。這樣的肉片要做 12 片。
3. 將步驟 2 的豬五花肉如同翻書一樣打開，在其中一面塗上中華風格紅豆餡＊，並夾進鹽煮紅豆＊（d）及陳皮（e）。
4. 將糯米浸泡在水中，蒸熟以後灑上黑砂糖使其混合在一起。
5. 製作「黑芝麻餡料」。在鍋裡加熱豬油，加入炒黑的芝麻粉及砂糖，攪拌直到出現光澤。
6. 將步驟 3 的豬肉片中的 10 片以稍微錯開的方式排好（f），以刀腹整排掬起、貼放在大碗內側（g）。剩下的兩片也貼在縫隙上（h）。
7. 將步驟 6 的底部放滿「黑芝麻餡料」（i），然後把步驟 4 的糯米也放進去且整平表面（j），包上兩層保鮮膜（k）。
8. 將步驟 7 包好的大碗放進充滿蒸氣的蒸籠裡，蒸大約 2 小時左右。蒸好以後趁熱將盤子蓋在大碗上，翻過來扣出所有材料（l）。
9. 將花生粉及砂糖混製而成的粉末灑上步驟 8 的材料上（m），最後放上一些糖煮金柑＊上菜。

豬肉使用的是被稱為「帶皮五花肉」的豬五花塊狀肉，選用接近肩膀油脂較多的部分。大約肥肉七成比瘦肉三成的比例是最理想的。油炸的時候要注意會噴油。

一開始切下去不要把皮切斷但要片得非常薄，切下來切一樣的寬度然後切斷。做成兩片肉之間把刀子放下去，會像是書本打開的樣子。

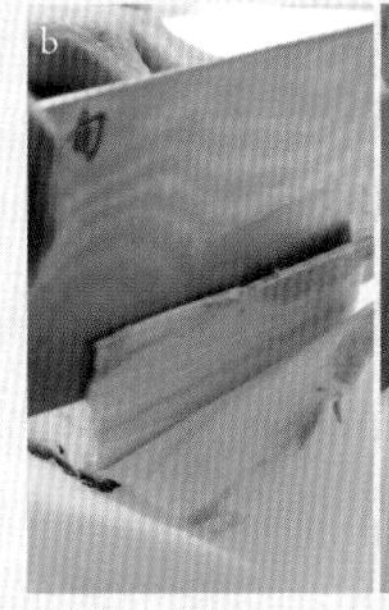

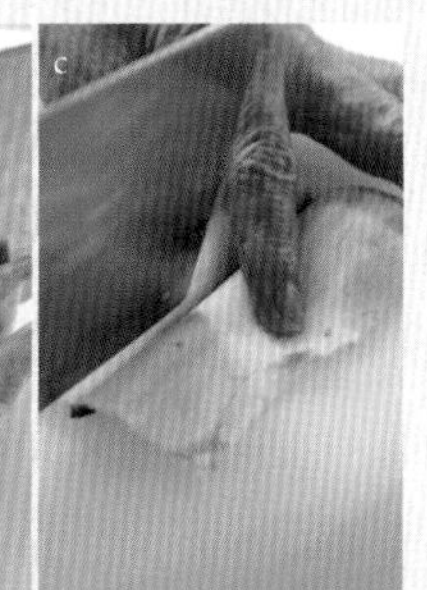

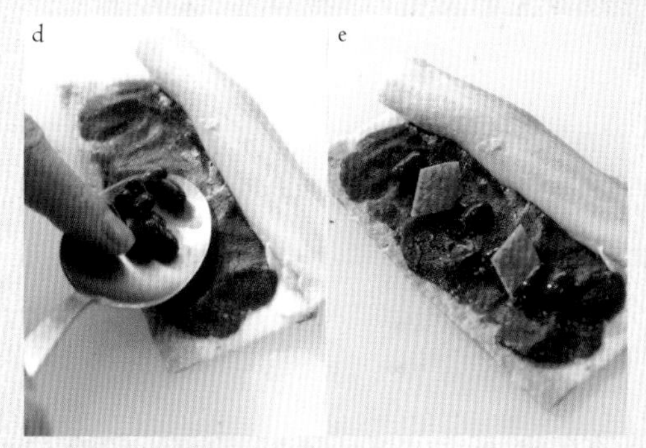

在打開的肉片單面塗上中華風格紅豆餡＊、鹽煮紅豆＊、陳皮之後闔上。總共做 10 組，慢慢錯開來疊在一起。放陳皮進去能夠讓口味變得比較清爽。

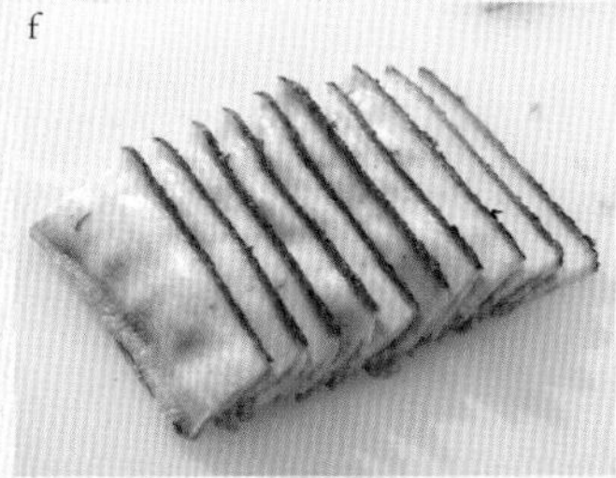

排好的肉以刀腹掬起，翻過來貼在大碗內側。大碗空下來的地方則把剩下的兩片肉貼上去。

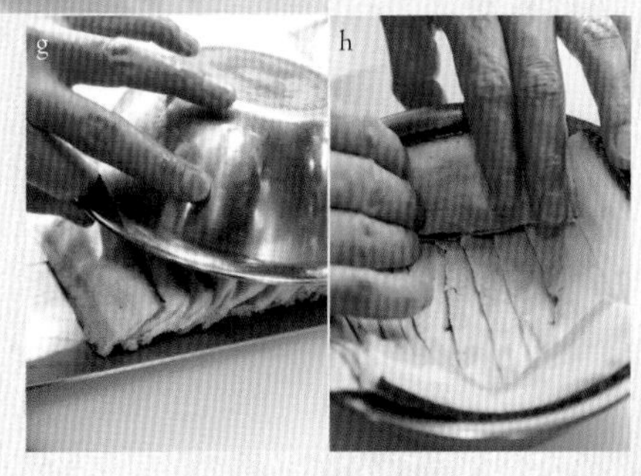

一開始先把黑芝麻餡料放進去，然後再把混有黑砂糖的糯米也滿滿塞進去，並且將表面整平。

為了避免蒸的時候水蒸氣跑進去，導致糯米變得黏答答，因此要把大碗包上兩層保鮮膜，確實密閉後再放進去蒸。

將蒸好的大碗蓋在盤面正中央，輕輕拿起大碗。周圍灑上混好砂糖的花生粉。

料理見 P.140

四川包子

四川肉包

材料 12 ～ 13 個量

◆餡料 ❶

A

- 筍乾（已泡發）…50g
- 乾香菇（已泡發）…50g
- 豬五花肉…50g
- 芽菜（P.194）…25g
- 生薑…3g

蔥油…15g

B

- 醬油…7.5ml
- 甜麵醬…7.5g
- 五糧液（P.030）…3ml
- 老酒…3ml
- 胡椒…適量

◆餡料 ❷

豬五花肉…100g

C

- 鹽…1.5g
- 砂糖…6g
- 醬油…8ml
- 生薑（剁碎）…5g
- 胡椒…適量
- 老酒…7.5ml

高湯（P.198）…50ml

太白粉…6g

花椒粉…適量

青蔥（切小段）…40g

蔥油…10g

麻油…5g

◆麵皮

老麵＊…250g

細砂糖…50g

低筋麵粉…200g

發粉…12.5g

海藻糖＊…30g

氨粉＊…2g

鹼水＊…1.5g

溫水…50ml

豬油…7.5g

＊老麵

天然酵母的一種，又被稱為麵種。將上一次使用的發酵麵團留一些下來，做為下一次的發酵麵種（P.040）。

＊氨粉、鹼水、海藻糖

「氨粉」是用來做為膨脹劑的。「鹼水」是鹼性的水溶液，用來中和麵團。「海藻糖」則具有讓麵皮濕潤的功效。

烹調方式

1 製作「餡料 ❶」。將 A 的筍乾、乾香菇、豬五花肉各自切為 5mm 塊狀。芽菜、生薑則各自剁碎。

2 將蔥油放入鍋中開中火，翻炒步驟 1 的豬五花肉。等到炒熟以後，就把芽菜、生薑也放進去拌炒。

3 將步驟 1 的筍乾、乾香菇也放進步驟 2 的鍋中翻炒，添加 B 一直炒到收乾以後再取出，靜置冷卻（a）。

4 製作「餡料 ❷」。豬五花肉切成 3mm 塊狀放入大碗中，添加 C 進去攪拌均勻（b、c）。

5 將太白粉、花椒粉、青蔥加進步驟 4 的大碗中攪拌均勻，最後淋上蔥油及麻油攪拌。

6 將步驟 5 的「餡料 ❷」和步驟 3 的「餡料 ❶」加在一起快速攪拌，放在冰箱裡靜置冷藏（d）。

7 製作「麵皮」。將老麵＊放在檯面上，灑上細砂糖揉麵（e）。

8 將氨粉、鹼水＊、海藻糖＊依序加進去揉麵。

9 將低筋麵粉與發粉＊混在一起，放入灑粉器具之後灑在步驟 8 的麵團上，以麵粉做成一道圍牆，把溫水倒進去（f），宛如使用刮刀從最下方撈起的方式，以手讓水分揉進麵團當中，把麵團整合在一起（g、h）。

10 將步驟 9 的麵團整好以後，在檯面上灑些太白粉、把麵團搓成棒狀，等分成 1 團約 50g。

11 將步驟 10 的麵團搓圓使其表面平滑之後放在檯面上，以擀麵棍推成圓形（i、j）。

12 「以麵皮包裹餡料」。將步驟 11 的麵皮包裹步驟 6 的餡料 30g（k、l、m、n）。

13 將步驟 12 包好的包子放進充滿蒸氣的蒸籠當中，蒸大約 12 分鐘。

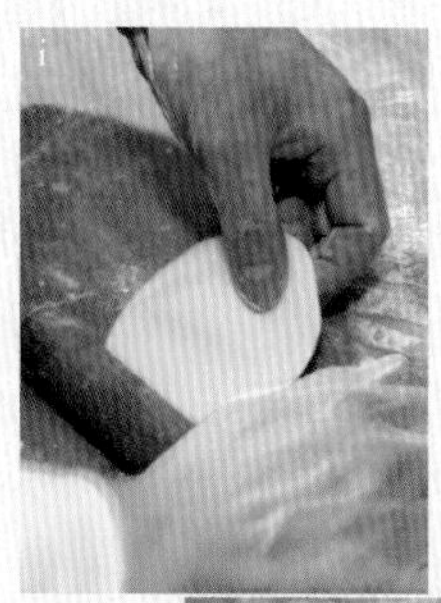

將擀麵棍放在麵團的邊緣，將麵團朝一定方向旋轉，將麵團擀成圓形。這時候將之後要用來盛放餡料的中心留厚一點，而靠近摺子處、麵皮邊緣的部分薄一點會比較好。

◆以「麵皮」包裹「餡料」

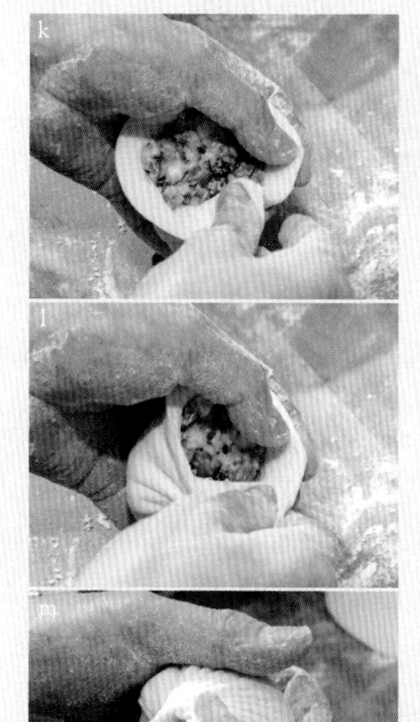

將餡料30g放在麵皮正中間，將麵皮拉向手指、繞一圈闔上麵皮。最後以拇指將合起來的洞口壓穩。

◆製作「餡料❶」

由於會和稍後製作的生的「餡料❷」混在一起，因此先在托盤上鋪開放涼。

◆製作「餡料❷」

加入肉量一半的湯，就能做出非常多汁的餡料。為了讓肉能夠充分吸收水分，要分好幾次將湯加進去，以畫圓弧的方式用手快速攪拌，讓肉吸收湯頭。

由於餡料揉進了和肉等量的湯頭，因此會非常地柔軟。先冷卻讓它凝固一下會比較好包。

◆製作「麵皮」

將老麵放在檯面上，灑上海藻糖以後用手揉麵。

用粉末做出一道牆，把溫水倒進去，一邊把粉類往中間集中，一邊搓揉直到不再有粉感。溫水的使用量要根據當時麵團的狀況來調整。加了老麵的麵團如果揉過頭，麵筋會過強導致不好膨脹，要多留心。

料理見 P.142

中國菜 老四川
飄香
麻布十番
飄香

整年

香廳燒鴨

飄香式　四川烤鴨

中國料理當中有北京烤鴨、廣東烤鴨等，非常多有名的燒烤鴨類，四川也有名為「樟茶鴨」的料理，也被稱為四川鴨。這是把鴨子浸泡在滷汁當中，使用茶（茉莉花茶葉）及樟（樟樹的樹葉）來煙燻之後再拿去烤，然後整隻油炸到香脆的菜色。據說一開始是據今 150 年以前，清朝末期時的宮廷料理。目前在四川當地也還有專門賣店，非常受歡迎。另外還有一種「軟燒鴨」也是非常傳統的鴨類料理，而我正是把這些非常傳統的鴨類料理搭配組合，創作出我自己的「飄香式」四川烤鴨。

首先並不用滷汁來滷鴨子，而是在鴨腹中塞滿鹽、辛香料蔬菜及香料等，然後以品種上與樟樹極為相近的月桂葉來煙燻，使其充滿香氣。另外也不油炸鴨子，而是像北京烤鴨那樣塗上麥芽糖以後放進窯裡燒烤，這樣能夠充分發揮材料原有的味道，也能夠做得香氣十足又多汁。另外也使用那些吸收了許多肉汁的香料及辛香料蔬菜，加上豆瓣醬、醪糟、辣椒等，打造出四川料理中既辛辣又有著多層口味的醬汁淋上去。「香廳燒鴨」是我『飄香』店裡非常有名的菜色，整年都有提供，也大受好評。

烹調方式見 P.180

張飛熟成牛肉

三國志英雄張飛的風格料理

這道菜色原先的基礎「張飛牛肉」，原先是在四川省東部的古都閬中為中心，有許多人會享用的料理，當地稱為「保寧乾牛肉」或者以「三國志」中登場的豪傑命名為「張飛牛肉」，是大家非常熟悉的菜色。閬中是在四川省東部的古老都市，也以傳統中國四大醋「保寧醋」的產地聞名，也因為是與「張飛」有關係的地方而為人所知。另外，這裡也是中國內陸唯一有官僚錄用考試，也就是科舉會場「貢院」的城鎮，在歷史上也是非常重要的場所。

從清朝時代就已經有「張飛牛肉」這道料理，它具有200年以上的歷史。可以當作下酒菜，又或者是簡單的輕食……在許多不同場合當中都會出現這道菜色。

「張飛牛肉」這個名字的由來有許多傳聞，當地的傳說是，「張飛」原本就是賣肉的，非常會做肉類料理，尤其是他的一口大小牛肉料理非常受到歡迎。現在有發揮牛肉原先口味的鹽味調味方式；也有四川風格的辣味牛肉等等，種類繁多。近年來閬中這個地方打著張飛的名號復興城鎮，而這「張飛牛肉」也是活動當中的一環，因此大街小巷都有店家販賣。

在此我想以熱血沸騰精力旺盛的三國志豪傑「張飛」為概念，創作出這道料理。牛肉使用了熟成肉，煙燻之後再使用蒸烤爐加熱，表現出外側全黑，但中間卻是有如熊熊大火燃燒的紅色，正是張飛的顏色。原本應該以鹽巴醃漬的肉，我使用滷汁來熬煮，也是活用蒸烤爐才能做出中間半熟、濕潤又柔軟的口感。最後再淋上一些大紅色、加了紅辣椒的辣油，讓整道菜更顯的熱情如火。

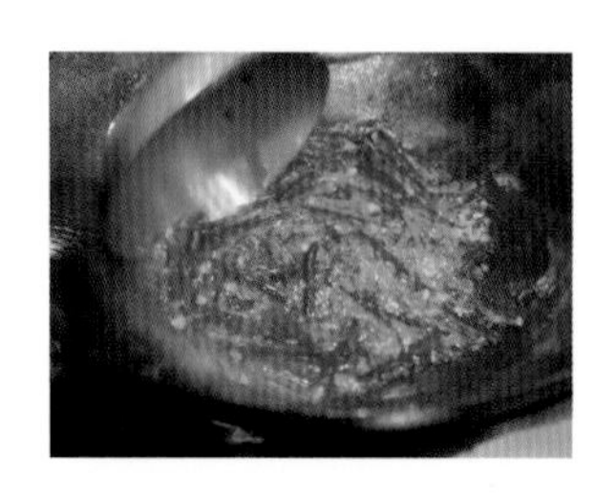

烹調方式見 P.182

一品酥方

火烤帶骨肋肉

「一品酥方」是將帶皮五花肉以炭火燒烤的四川傳統宴席料理，可說是與北京料理中的「北京烤鴨」以及廣東料理的「烤乳豬」相匹敵的名菜。順帶一提，「一品」指的就是「天下一品」，是經常用來為宴席料理命名的方式之一。這是充分發揮出肉類美味且多汁、將皮烤香脆又艷麗的料理，可說的確是天下第一的口味。

首先將帶骨小豬的五花肉以鹽搓過調味，風乾以後再先用炭火炙燒預烤等，要燒烤成最好的狀態需要非常熟練的技巧，事前準備與火侯等等，都需要非常細心。

搭配的是烤好以後中間呈現空洞口袋狀態，帶有芝麻風味的薄烤麵包「芝麻空心餅」，加上甜麵醬及甜甜辣辣的辣椒果醬、蔥白等夾著吃。

烹調方式見 P.184

酒烤風味羊腿 白鍋麵盔

白酒帶骨烤羊腿肉
四川辛香料醬汁　附四川麵包

原本有一道宴席料理「酒烤羊肉」，是將羊肉切成一口大小，使用辛香料及白酒來調味以後，用烤箱烤出來的宴席料理。此處我不將肉切開成塊狀，而是直接使用肉質柔軟的帶骨小羊後腿，以烤箱慢慢烘烤。肉的事前調味以及調味料，除了為數眾多的辛香料以外，還有四川極為知名的好酒「五糧液」作為調味用的白酒，活用其特有的香氣。

在盛裝擺盤的時候，先鋪滿幾乎淹沒盤子的大紅色辣椒，大膽放上帶骨的羊腿肉上菜。這樣迫力十足的擺盤方式，肯定能讓場面大為轟動。另外，這原本只是具鹹度而質樸的料理，在此我也想到可以提供四川麵包讓客人夾著食用，並且淋上近年來很流行的醬汁，是組合多種辛香料製成。

用來搭配料理的白鍋麵盔（四川麵包）是中間呈現空洞、宛如小小皮塔餅的麵包。我搭配了兩種麵團，分別是只使用小麥粉與熱水揉製而成的麵團、以及使用乾燥酵母發酵的麵團，將兩種合在一起，就能將口感控制得不會太過輕盈，而具有較佳的嚼勁。

烹調方式見 P.186

豆酥鴿子

香炸乳鴿　大豆醬料

傳統四川料理當中有一道名為「豆渣鴿脯」的傳統料理。這是將鴿子調好味道以後，蒸到骨頭可以簌地就抽出來，然後使用炒過的豆渣吸取蒸湯以後，把豆渣一起呈上的料理。這道料理在『飄香』則是稍微改動過，將鴿子蒸好以後再拿去炸，作成比較現代風格的烹調方式。

鴿子是有著深奧且纖細口味的紅肉，魅力就在於肉質柔軟、油脂甚少，因此加熱的時候要注意不能讓肉變得乾巴巴，重點就是要避免過熟。在此我使用的是蒸烤爐，計算能讓鴿子變得多汁的條件去加熱。

另外醬料以往似乎都是使用豆渣，但我使用了「紅苕豆豉」，這是一種將蒸好的地瓜與大豆一起發酵的豆豉，剁碎了以後爆香，做成仍帶有豆子風味與口感卻具有令人震撼的醬汁口味。

烹調方式見 P.188

牛肉焦餅

四川式牛腰肉派

「牛肉焦餅」是成都非常有名的點心，在當地是會有流動攤販在販賣、非常輕鬆簡單的輕食，大家都很熟悉。材料放了牛絞肉以及大量辛香料，然後以麵皮包起來油炸。

像這樣以粉包裹的食物，在中國經常都被當成小吃，基本上不會成為主菜，不過我並非使用絞肉，而是以能夠作為牛排的高等和牛的牛腰肉（菲力），打造出足以成為套餐主菜的一道料理。

牛肉先以充滿辛香氣味的醬汁來調味，然後以灑上大量蔥與香菜的麵皮包裹，以較大量的油來「煎炸」，也就是油炸，讓外表能夠酥脆。

最後為了要帶出肉類的美味，過火的方式非常重要，為了充分發揮高級牛肉的美味，要先放油再開火，一邊轉動鍋子一邊加熱，在烹調的時候要一邊調整火侯。

取出牛肉以後還要以餘溫來讓肉變熟。重點在於最後要以高溫將表面炸得香脆，但牛肉仍保留一些紅色的程度。這樣就能夠享用帶著辛香料香氣的柔軟牛肉，與酥脆外皮成為對比的口感。

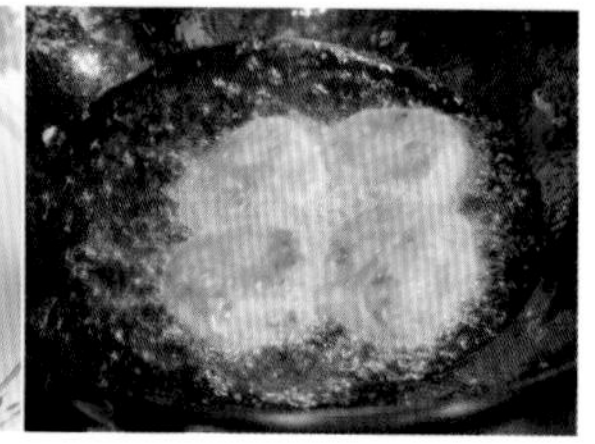

烹調方式見 P.190

薑鴨苦蕎麥麵

蜀南式生薑烹鴨　韃靼麵

原本在四川省宜賓就有一道非常知名的「薑鴨麵」，是麵類料理。我將這道麵料理使用的麵條更換成韃靼麵，打造出自己的料理。

韃靼麵在日本由於被認為對健康很好，因此受到矚目，這原先是從四川省、雲南省、尼泊爾等地來的，當地以此取代小麥粉的麵條，使用於許多料理當中。

韃靼麵會受到矚目是由於它的成分當中含有葉黃素這種抗氧化物質，具有添加水之後會變成黃色的特性，而這個黃色正是韃靼麵的特徵。韃靼麵在中文中被稱為「苦蕎麥麵」，如其名稱所述，特徵之一是帶有苦味。

我的麵條使用韃靼蕎麥粉為主，以壓麵條的工具擠進熱水裡煮。湯頭使用辛香料、辛香料蔬菜、泡菜類、鴨肉一起熬煮，打造出既辛辣芬芳又濃郁的口味。在中國，搭配的材料是牛肉比較受歡迎，不過在日本我使用鴨肉。以日本風格來說明的話，就像是「四川式的鴨肉南蠻蕎麥麵」，應該很容易理解吧。

烹調方式見 P.192

宋嫂魚麵

四川式魚肉羹麵

這道麵類料理，由來是杭州名產「宋嫂魚羹」（加了白肉魚的羹湯）這道菜色。這道料理是從現今回溯約 800 年前的中國南宋時代，當時的皇帝造訪杭州地方的觀光名勝西湖，在那裡享用了十分美味的勾芡魚湯，內心十分感動，而使這道菜聞名天下。「宋嫂」是指宋先生的大嫂，指的是端料理給皇帝店家女性。

之後四川的點心師傅將原先非常優雅的鹽味「宋嫂魚湯」融合了辛辣與鮮味，作出了四川風格的麵類料理「宋嫂魚麵」。料理中有豆瓣醬的辛辣、魚類的鮮美、醃漬物的風味等等，巧妙融合了各式各樣要素，魅力就在於四川料理方有的複雜口味。口感滑溜的白肉魚與熱騰騰的勾芡湯拌著麵來享用。

在此使用的是名為白線光顎鱸的白肉魚，這種魚沒有什麼魚腥味、同時也有相當的油脂，是非常有名的高級魚類。即使是魚雜也都能熬出非常不錯的湯頭，因此將魚雜和雞湯與白湯一起熬煮，作出濃縮大量美味的奢侈湯頭。魚肉可以隨喜好使用白肉魚。

烹調方式見 P.194

瀘州白糕

蒸米麵包　發酵香氣

這是位於四川省南部的都市瀘州的知名料理，以米粉蒸出來的麵包。在當地是屬於小點心，非常受歡迎。在『飄香』是讓米粉與老酵漿（發酵液）發酵一個晚上，另外添加桂花醬（桂花製成的果醬）與玫瑰醬（玫瑰的果醬）下去蒸。淡淡的酸味與發酵的香氣，具彈性的口感魅力十足。在套餐料理的大菜之間上這道點心，客人都會很高興。

烹調方式見 P.196

四川泡菜

四川式酸黃瓜　天然乳酸發酵

所謂「泡菜」是指將蔬菜以生薑、辣椒、花椒等辛香料加上鹽水浸泡，使其發酵製成，是起源於中國四川省的醃漬物。製作方法非常簡單，特徵是由於乳酸菌打造出來的獨特酸味，通常不會直接食用，而是用來為四川料理增添風味以及加強鮮味等。

烹調方式見 P.197

香飃燒鴨

飄香式　四川燒鴨

材料 鴨 1 隻量
合鴨（日本產）…1 隻（2.3 ～ 2.5kg）
燒雞鹽＊…1.6%（相對於鴨子的重量）
月桂粉末、茉莉花茶粉末、
櫻樹煙燻木…適量

A
- 火蔥 1 個、大蒜 15g、生薑 20g、長蔥（綠色部分）100g、香菜 5g、芹菜 10g、紅辣椒 1 條、草果 1/2 個、砂仁及白蔻各 2 個、芫荽籽、花椒、茴香籽、桂皮、檸檬草各 1g、山柰及陳皮各 2g、月桂葉 2 片、泡椒及豆豉各 8g、芽菜（P.194）16g、
- 五糧液（P.030）30ml

B
- 麥芽糖…100g
- 米醋…200g

◆醬料

C
- 豆瓣醬…30g
- 泡椒（剁碎）…10g
- 醪糟（P.016）…30g
- 辣椒麵（P.203）…5g

鮮湯（雞湯／ P.198）…750ml

D
- 老酒…10ml
- 白酒…5ml
- 鹽…2g
- 砂糖…5g
- 焦糖（P.200）…10g
- 醬油…5g

香菜…適量

＊燒雞鹽
此處是使用 300g 鹽兌 150g 細砂糖，加上砂仁、十三香、番鬱金各 5g 混合後使用。原本就是經常使用在廣東料理中燒烤菜色的調味料。

烹調方式

1 準備好已去除內臟的合鴨，水洗之後擦乾。
2 將 A 材料當中的辛香料蔬菜大致上切一下，與剩下的材料以及食譜分量中的燒雞鹽＊一半用量放在一起攪拌均勻（a）。
3 以手從鴨屁股往身體裡伸，將剩下的一半燒雞鹽＊仔細的搓進去（b），之後把步驟 2 的材料塞進去。
4 以專用針（尾針：雞鴨等塞了東西之後用來閉合開口的針）闔上步驟 3 的鴨屁股（c、d）。
5 將步驟 4 以兩股的吊勾（燒鴨勾）串好步驟 4 的鴨子，吊掛在通風良好的地方直到表面乾燥（e）。
6 將步驟 5 的鴨子放入烤窯中（f），以月桂粉末、茉莉花茶粉末、櫻樹煙燻木進行冷燻之後取出。
7 煮滾熱水，將步驟 6 的鴨子快速汆燙一下讓皮收緊，擦乾表面的濕氣。
8 將 B 混合在一起，完整塗在步驟 7 的鴨子上，放在通風良好的地方風乾一整天（g）。
9 將步驟 8 放進預熱至 240℃的窯中烤大約 20 分鐘（h）。
10 片「香飃燒鴨」。將步驟 9 的鴨子取出，剁掉鴨頭、拔開封塞口的針。由腹部側邊往鴨屁股處直線剁開成兩半，取出裡面塞的東西，先放在一旁（i）。
11 將步驟 10 切開來的一半鴨子再把腿及胸部分切開。腿的部分切成容易食用的大小（j、k、l），成裝到盤上（m）。
12 製作「醬料」。在鍋裡熱油，把 C 爆香，將步驟 10、11 分開的鴨子填塞物以及鴨子邊角也放下去拌炒。
13 將鮮湯（雞湯）倒進步驟 12 的鍋中，煮沸以後就把 D 加進去，以中火熬煮約 10 分鐘（n）。
14 將 13 過濾以後再倒回鍋裡開火，沸騰後就將醬汁淋在步驟 11 的鴨子上（o），灑上一些香菜。

要塞進鴨腹的A材料，當中的辛香料和辛香料蔬菜，加上白酒後以手抓起捏揉，要用力搓揉破壞蔬菜纖維，帶出香氣。

將鹽抹進鴨子腹內，然後再將拌好鹽的辛香料及辛香料蔬菜塞進去，鹽巴能夠使得味道及香氣比較容易滲入鴨肉當中。

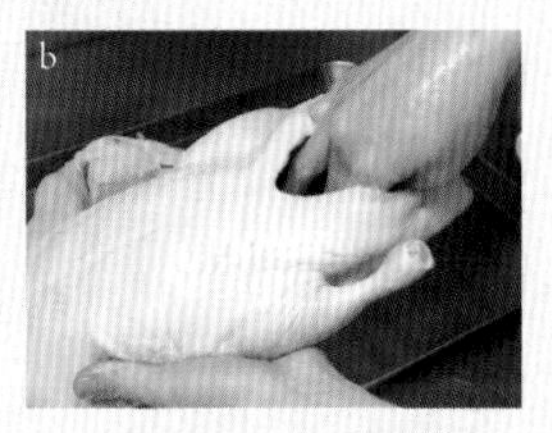

將填充物塞進去以後，使用針以縫合的方式刺進去，每次都將開口處纏繞到針上的方式，逐漸將開口處閉合。如果沒有確實閉合，加熱的時候肉汁等就會從開口處流出，因此要仔細做這個步驟。

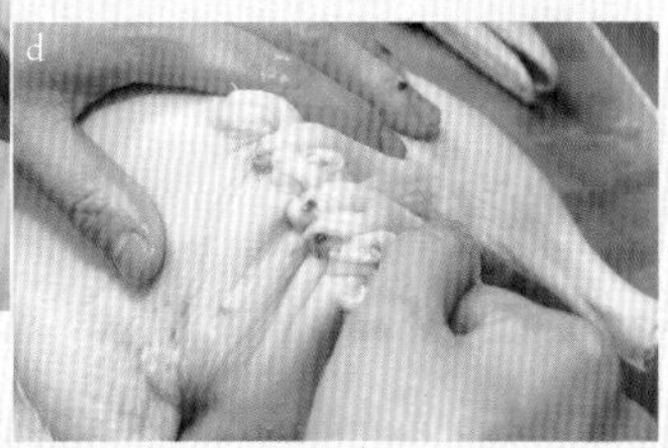

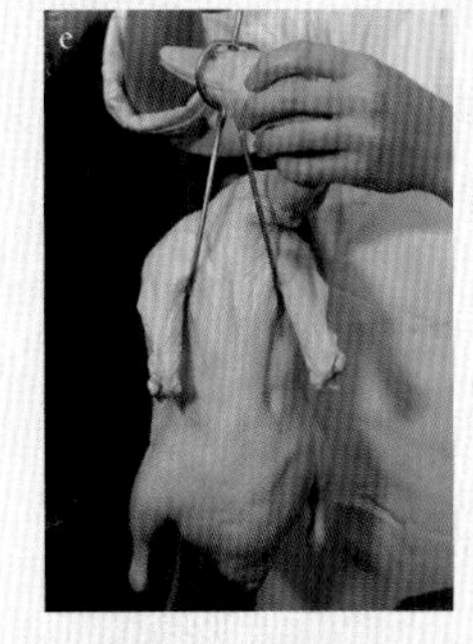

如果表面有些潮濕，那麼冷燻（煙燻）的時候，香氣會不容易沾附在表面，因此要先使其乾燥。

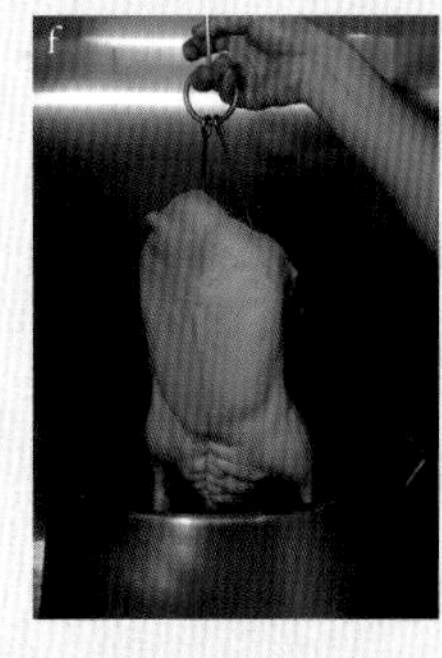

一樣是鴨子料理的四川名菜「樟茶鴨」是使用樟樹的葉片及茶葉來煙燻，不過我使用了一樣是樟科的月桂（煙燻木）來冷燻。

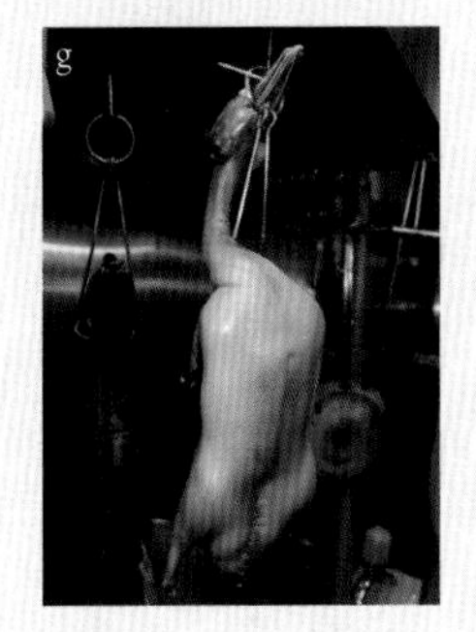

冷燻的鴨子以熱水快速地汆燙一下，讓表面的皮收縮以後再把水擦乾。麥芽糖與米醋先隔水加熱使其變柔軟，塗在鴨子上，風乾一整天。烤完以後才能外皮香酥，也有光澤。

風乾後的鴨子放入專用烤窯當中烤大約20分鐘。一直烤到色澤光亮外皮香脆。

◆片「香飀燒鴨」

鴨子烤好之後，裡面的填充物以菜刀刀尖仔細刮出來，尾椎的部分等部會用來擺盤的部分，都和醬料的材料一樣先放在一旁。

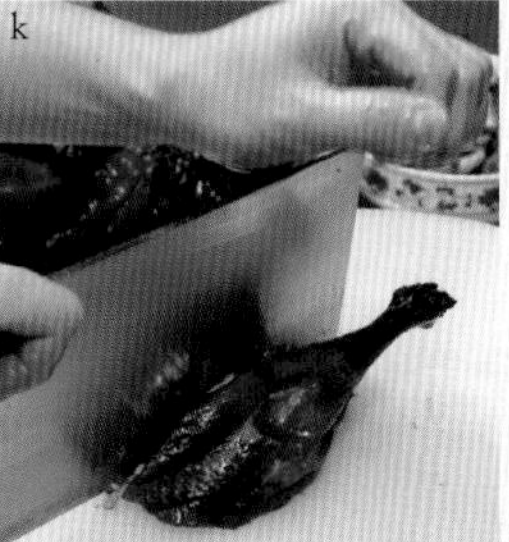

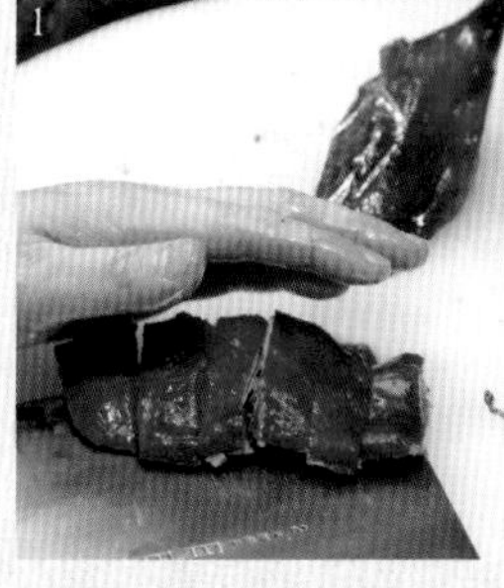

片好鴨子。直的對半切開以後，再切成兩半（腿部與胸部分開）。腿部切成容易食用大小裝盤。

◆製作「醬料」

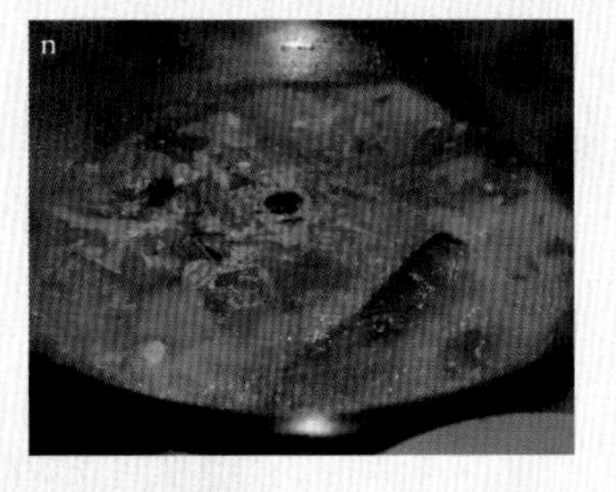

填充物與尾椎等，和切下來的邊角一起以調味料拌炒後加湯進去熬煮，濃縮當中的美味。

熬煮出來的醬料，過濾後再淋到已經擺好盤的鴨肉上。

料理見 P.162

張飛熟成牛肉

三國志英雄張飛的風格料理

材料 2～3 人份
熟成牛肉＊（腿肉塊）…300g
A
櫻樹煙燻木 10 比茉莉花茶粉末、月桂粉末各 1 的比例搭配而成的煙燻材料…30g
飄香川滷水（P.200）…適量
B
飄香川滷水（P.200）…60ml
上白糖…1 小匙
白酒…1 小匙
辣椒麵（P.203）…1 又 1/2 大匙
刀工辣椒（P.203）…1 小匙
花椒粉…適量
黑醋（保寧醋）…1/3 小匙
飄香香料油（P.201）…100ml
滿天星辣椒（P.202）＊…適量

＊熟成牛肉
使用的是約熟成 60 天的牛肉。

＊滿天星辣椒
辛辣味非常強烈的紅色辣椒。比一般的辣椒還要來得小一些。

烹調方式

1 將熟成牛肉＊放進窯裡，使用 A 冷燻約 90 分鐘（a、b）。
2 在鍋中熱油，把步驟 1 的牛肉放進鍋裡，將表面都煎過一遍，把美味封在裡面（c）。
3 將步驟 2 的牛肉浸泡在飄香川滷水裡，包上保鮮膜（d），使用蒸烤爐（65℃、約 45 分鐘）加熱（e）。
4 在鍋中熱油，將步驟 3 的牛肉瀝乾以後放進去，使用大火煎到表面出現略微焦的樣子後取出（f、g）。
5 將 B 的飄香川滷水＊、上白糖、白酒放入另一個鍋中，以小火加熱到略略呈現濃稠狀。將剩下的 B 材料（辣椒麵、刀工辣椒、花椒粉、黑醋）加進去，整體拌勻（h）。
6 將步驟 4 的牛肉放入步驟 5 的鍋中，使牛肉整體包覆調味料以後，以鋁箔紙包起來（i、j），放進保溫器當中靜置約 10 分鐘。
7 在鍋中熱油，放入紅辣椒以小火爆香，引出辛辣味及香氣。這時候如果先將紅辣椒以水汆燙過，就不容易燒焦（k）。
8 將食譜分量中的飄香香料油、滿天星辣椒＊加進步驟 7 中拌炒，使辛辣味轉移到油中。
9 將步驟 7 的牛肉裝盤，並將步驟 8 的油連同辣椒一起倒進盤中（l）。切成容易食用的大小上菜。

使用櫻樹煙燻木10比茉莉花茶粉末、月桂粉末各1的比例搭配而成的煙燻材料來冷燻牛肉。

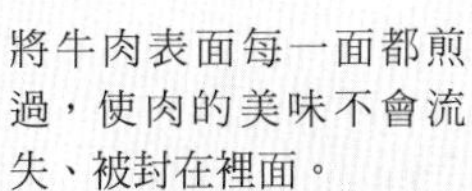

將牛肉表面每一面都煎過，使肉的美味不會流失、被封在裡面。

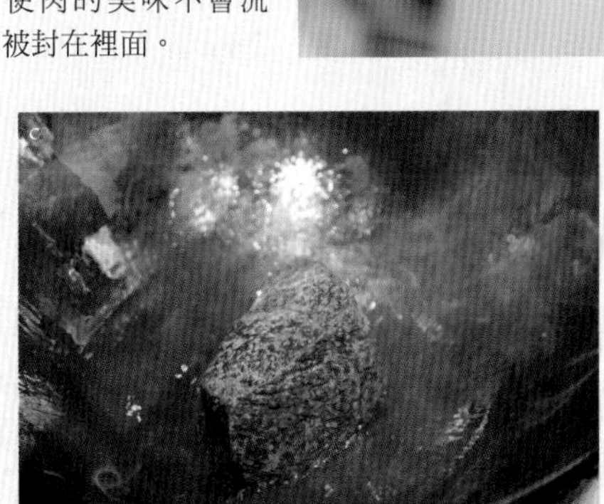

將牛肉浸泡在飄香川滷水當中，稍微露出一點，包上保鮮膜以後使用蒸烤爐加熱。

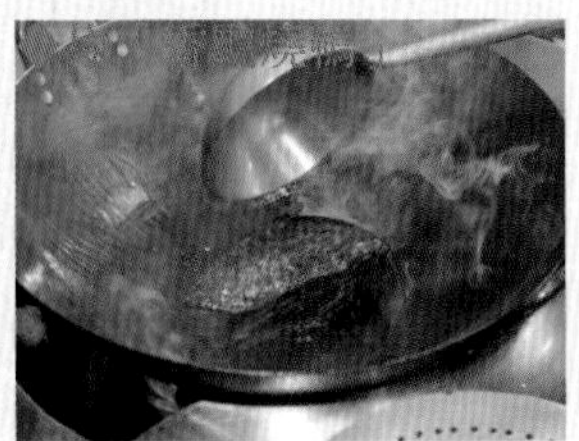

以蒸烤爐加熱以後，再次以大火只將表面煎到香酥。

以另一個鍋子將B、C的材料熬煮成醬料，再把煎好的牛肉放進去，使整體味道都能均勻沾附到牛肉上。

裹好調味料的牛肉在熱騰騰的時候就包上鋁箔紙，以餘溫加熱。

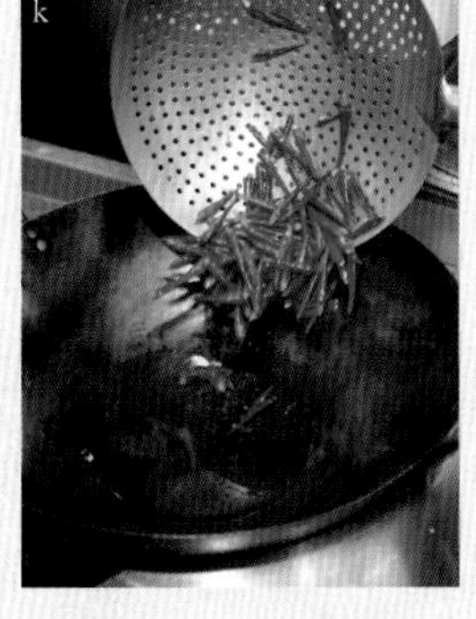

在翻炒滿天星辣椒＊以前，先快速汆燙一下，就不容易燒焦。

紅辣椒在翻炒前先快速汆燙一下，就不容易燒焦。

一品酥方

火烤帶骨肋肉

材料 容易製作的分量

◆一品酥方

帶骨豬五花肉…半身（約 3kg）

A（豬肉的事前調味）

- 燒雞鹽（P.180）…54g
- 花椒…適量
- 長蔥（綠色部分）、生薑…適量
- 老酒…60ml

米醋…適量

麻油…適量

◆芝麻空心餅（芝麻麵包）

B

- 中筋麵粉…150g
- 鹽…1.5g
- 發粉…3g

溫水…125ml

豬油…10g

麻油…適量

白芝麻…適量

調味甜麵醬＊…適量

辣椒果醬（P.030）＊…適量

蔥白…長蔥 1/2 支量

＊調味甜麵醬

甜麵醬 300g、蜂蜜 30g、白酒 5ml、麻油 30g 調在一起加熱，蒸發掉酒精成分。

＊辣椒果醬

使用了辣椒做的果醬（P. 030）。

烹調方式

1 製作「一品酥方」。將帶骨的豬五花肉的肉那邊，以劍山形狀的針開洞（a），抹上燒雞鹽（b）。

2 將 A 的生薑切成薄片，與長蔥的綠色部分一起用菜刀刀腹敲打出香氣。

3 將步驟 2 的材料與 A 的花椒放在步驟 1 上，並灑上老酒（c），放入冰箱裡靜置冷藏一天。

4 在鍋中將水煮沸，把熱水淋到步驟 3 的皮那面，擦乾以後在皮上塗醋（d）。

5 將步驟 4 的豬肉吊掛在涼爽且通風處，風乾半天以上（e）。

6 將步驟 5 的豬肉皮那面朝上，將皮以外的部分都用鋁箔紙包起來，放入 120℃的烤箱烤 30 分鐘。

7 將步驟 6 的豬肉取出，以劍山形狀的針開洞（f）。

8 將前端為 U 字形的金屬籤由步驟 7 的側面刺入，使用鬃刷將麻油塗在皮上（g）。

9 將步驟 8 的豬肉那層鋁箔紙撕下，從皮那面先蓋在炭火上，接著再烤另一面及側面，將整體烤成色澤明亮之後（h、i）再拿下金屬籤。

10 製作「芝麻空心餅」。將 B 全部過篩放進大碗中，加入熱水揉麵。如果麵團已經與水融合在一起，就加入豬油，一直揉麵到麵團成為滑順的樣子。

11 將步驟 10 的麵團放在灑好太白粉的檯面上，揉成棒狀，然後切割成 1 塊 10g，以擀麵棍推成 9cm 的圓形。大約做 15 片。

12 將步驟 11 的麵皮正中央塗上麻油（j），抓起邊緣貼在一起，做成袋子形狀以後將開口閉合（k）。

13 將步驟 12 麵皮的閉合口朝下，放在灑好太白粉的檯面上，以擀麵棍推成約直徑 10cm 左右的圓形。

14 將步驟 13 的麵皮正中央塗水（l），沾上白芝麻。

15 把平底鍋放在火上，將步驟 14 的麵皮並排在鍋中，蓋上蓋子烤。等到麵皮正中央膨脹起來就翻面，背面也烤好以後便從鍋中取出。

16 等到步驟 15 的麵皮烤好，就以剪刀將邊緣剪一半左右，使開口打開。

17 將步驟 9 的「一品酥方」的皮上劃幾刀、盛裝到盤上，將步驟 16 的「芝麻空心餅」、調味甜麵醬＊、辣椒果醬、蔥白也擺到盤上再上菜。

＊如果是套餐等以一人份供應的話，就沿著皮上劃的位置等分成容易食用的大小，將一人份盛裝在盤上，並且放上調味甜麵醬＊、辣椒果醬＊、蔥白、酸漿。

◆製作「一品酥方」

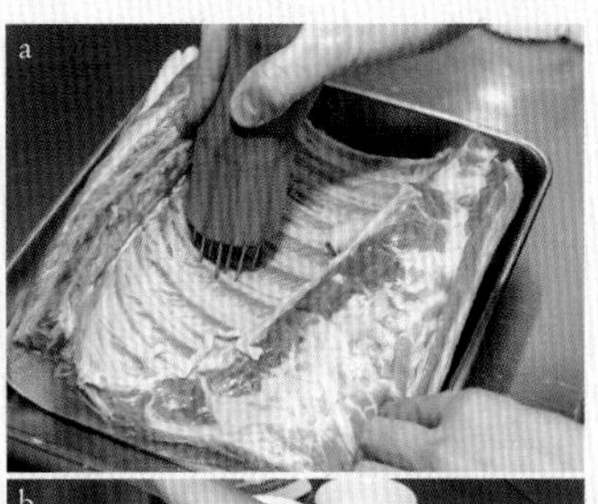

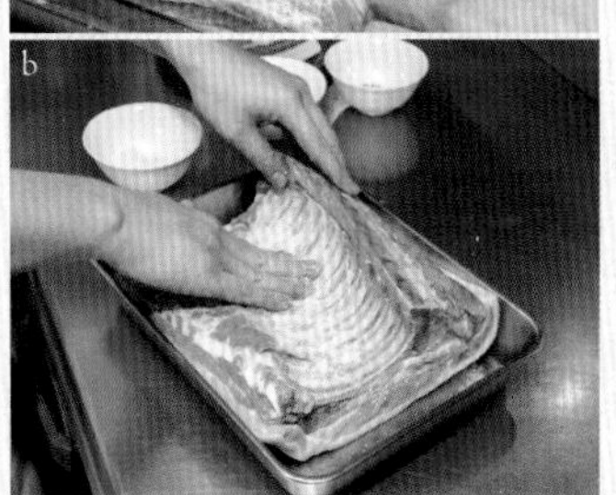

如果皮的表面還殘留有豬毛，就先剃掉、或者是炙燒去除。注意不要傷到表皮，以水清洗後擦乾水氣，再於肉的那面開洞並抹鹽，這樣味道會比較容易滲入肉中。

將肉的那面朝上放在托盤上，放上辛香料蔬菜、香料、灑上酒，這樣除了可以去除腥味以外還能調味。

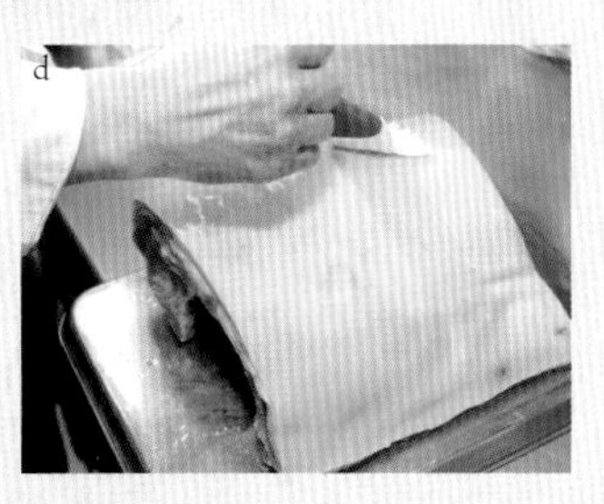

將皮的部分淋上熱水，除了去除腥味以外還能洗掉多餘油脂，讓皮較為緊繃，烤起來也會比較漂亮。另外如果塗上醋，也能烤得比較漂亮。

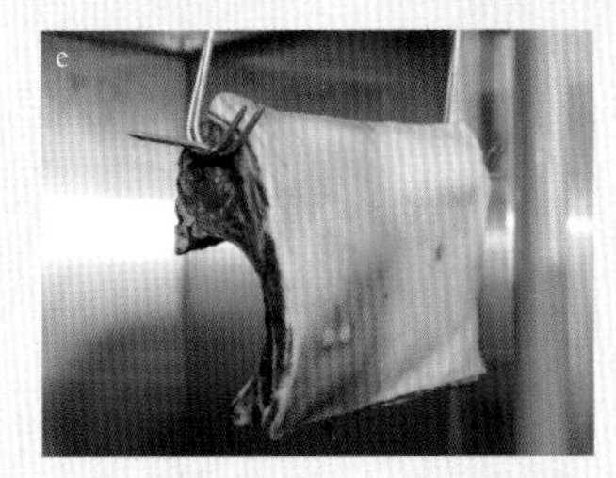

在烤之前先風乾，去除多餘的水分，肉便會更增添美味度。

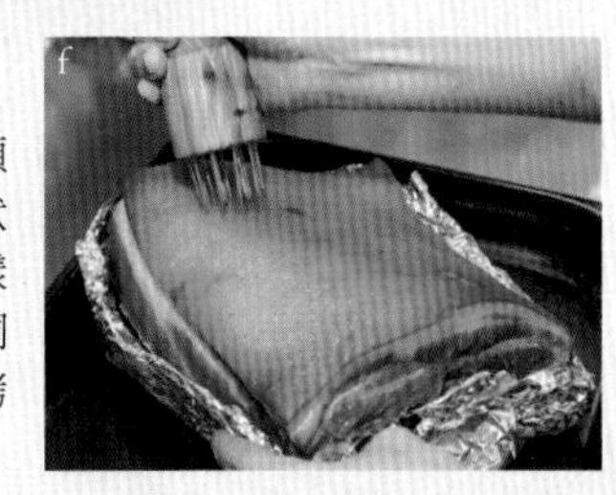

將風乾的肉以烤箱預烤過後，以劍山形狀的針刺皮開洞，這樣能讓油比較容易從洞中流出，表面可以烤得更加酥脆。

在烤之前，使用鬃刷將麻油塗在皮的表面，這樣皮的表面就能烤的香氣四溢又酥脆。

在炙燒皮的部分時，必須要視狀況旋轉肉塊來烤，讓肉塊可以平均受熱。中途要以鬃刷將麻油塗在皮上。烤好之後就把金屬籤抽出來。

◆製作「芝麻空心餅（芝麻麵包）」

將麵皮擀成圓形，留下邊緣，中間都塗上麻油（如果連邊緣都塗上油，之後會變得非常難閉合）。

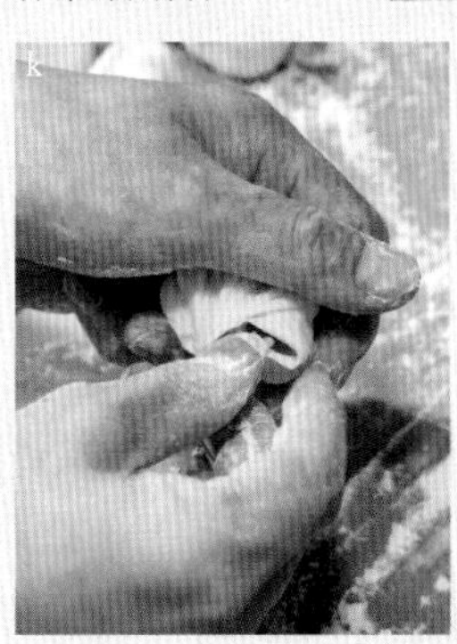

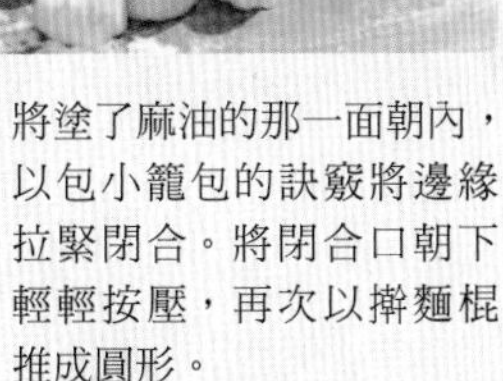

將塗了麻油的那一面朝內，以包小籠包的訣竅將邊緣拉緊閉合。將閉合口朝下輕輕按壓，再次以擀麵棍推成圓形。

將推成圓形的麵皮單面塗水，灑上白芝麻。

酒烤風味羊腿　白鍋麵盔

白酒帶骨烤羊腿肉
四川辛香料醬汁　附四川麵包

材料 容易製作的分量
帶骨羊腿肉…1 支（約 3.5kg）
白鍋麵盔（四川麵包）＊…適量
A（相對於肉的重量）
- 鹽…1%
- 醪糟…10%
- 白酒（五糧液）…2%
- 花椒…適量
- 青蔥…3%
- 生薑（拍碎）…2%

B
- 糯米粉…50g
- 低筋麵粉…10g
- 水…40ml
- 油…1 大匙
- 白酒（五糧液／P.030）…1 大匙

◆醬料
C
- 飄香香料油（P.201）…300ml
- 乾燥紅辣椒（新一代辣椒／P.202）…150g
- 花椒…15g

D
- 火蔥（5mm 塊狀）…200g
- 生薑（5mm 塊狀）…50g
- 大蒜（5mm 塊狀）…50g

E
- 豆瓣醬…20g
- 辣椒麵（P.203）…25g
- 火鍋底料＊…30g
- 孜然…10g
- 豆豉…25g
- 醪糟…50g
- 白酒（五糧液／P.030）…15ml
- 甜麵醬…5g
- 羊肉蒸湯煮到濃稠…60ml
- 砂糖…10g
- 鹽…1 撮
- 醬油…5ml
- 新鮮紅、綠辣椒（各自剁碎）…各 100g
- 刀工辣椒（P.203）…3g
- 花椒粉…2g

黑醋（老陳醋）…10g
香菜…適量

※ 白鍋麵盔（四川麵包）
材料 容易製作的分量
F
- 低筋麵粉、高筋麵粉…各 30g
- 熱水…40ml

G
- 低筋麵粉、高筋麵粉…各 100g
- 全麥麵粉…40g
- 溫水…140ml
- 鹽…1/2 小匙
- 乾燥酵母…5g
- 菜籽油…15g

1 將 F 的粉類混在一起，加溫水揉麵，把麵團聚合。
2 將 G 的粉類及鹽、乾燥酵母加在一起，添加溫水揉麵，把麵團聚合。
3 將步驟 1 及 2 的麵團揉在一起，靜置約 30 分鐘使其發酵膨脹至 1.5 倍大左右。
4 將步驟 3 的麵團空氣壓出後放在已灑好太白粉的檯面上。搓成棒狀以後切成 1 個約 30g 並搓圓（l），以擀麵棍推成直徑約 10cm 的圓形（m）。
5 將步驟 4 的麵皮放在平底鍋上，烤到有些微焦色且膨脹起來，就翻面（n），兩面都烤好。

烹調方式

1 使用劍山形狀的針將羊腿肉全部刺過一遍（a）。
2 將 A 的材料放入大碗中，以手用力揉捏使香味散出來（b）。
3 將步驟 1 的羊肉及步驟 2 的材料放入較大的耐熱塑膠袋中，並將開口封上（c），吸出空氣使當中成為真空狀態。
4 將步驟 3 的袋子放進蒸烤爐中（63℃、12 小時）加熱。
5 將步驟 4 的羊肉由袋中取出，先用手將表面抹乾淨，再使用廚房紙巾擦乾表面，然後塗上薄薄一層太白粉（d）。
6 將步驟 5 的塑膠袋中留下來的蒸湯倒進鍋裡並開火，等沸騰以後將雜質撈起，熬煮到大約剩下一半以後過濾（e）。
7 將 B 的材料拌在一起做成麵糊，完整塗在步驟 5 的羊肉上（f），以 180℃的烤箱約烤 20 分鐘（g）。
8 製作「醬料」。在鍋中放入 C 的材料並開火（h），等到香氣轉移到油裡就過濾，把新一代辣椒和花椒撈起來瀝油。
9 將步驟 8 的油放回鍋中開火，把 D 的大蒜、生薑加進去爆香之後，再加入火蔥炸炒。
10 將 E 的材料依序加入步驟 9 的鍋中（i）加熱，最後加進黑醋，醬料就完成了（j）。
11 將步驟 7 的羊肉放在大盤上，然後鋪滿步驟 8 的乾燥紅辣椒和花椒（k）。大量淋上步驟 10 做好的醬料。以另一個盤子盛裝白鍋麵盔（四川麵包）※ 上菜。

＊「火鍋底料」
可以說是四川風火鍋的「味精」。使用以下材料。牛油 200ml、菜籽油、熱水 200ml、乾燥青山椒 20g、長蔥及生薑各適量、豆瓣醬 100g、糍粑辣椒 120g、辣椒泡菜（剁碎）80g、生薑泡菜（剁碎）30g、生薑（剁碎）20g、大蒜（剁碎）30g、冰糖 15g、豆豉（剁碎）5g、白酒 5g、香料粉、八角 5g、桂皮 & 砂仁 & 小茴香 & 草果各 4g、山柰 & 排草 & 香果 & 香葉（月桂）各 2g、白蔻 6g、靈草 1g、丁香 0.5g、花椒 15g。將辛香料蔬菜、調味料及香料都放入油中加熱，帶出辛辣味及風味。

◆製作「醬料」

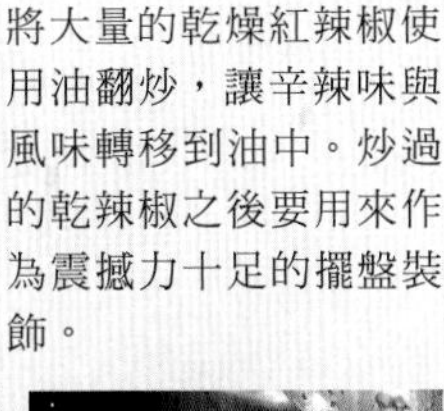
將大量的乾燥紅辣椒使用油翻炒，讓辛辣味與風味轉移到油中。炒過的乾辣椒之後要用來作為震撼力十足的擺盤裝飾。

醬料的材料中孜然也經常使用於咖哩當中。具有異國風情的香氣與羊肉十分對味。

醬料完成。這是搭配非常多種辛香料以及調味料打造出來，既辛辣又有著複雜深奧的口味。新鮮辣椒、花椒粉、醋最後再加進去，更能發揮其口感及風味。

將烤好的帶骨羊腿整支放在大盤上，旁邊塞滿製作醬料時使用的大量紅辣椒。最後再大量淋上香辣醬料上菜。

◆製作「白鍋麵盔（四川麵包）」

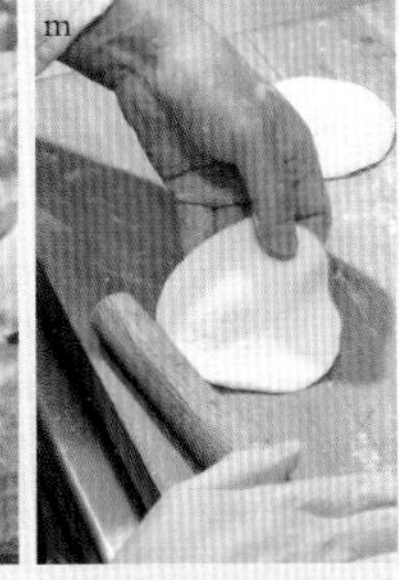

一邊轉麵團，一邊轉動手邊的擀麵棍，將麵團推展成邊緣薄、而正中間稍厚的圓形。

將兩種麵團合在一起揉好麵之後，將麵團揉成棒狀，等分成1個約30g。

兩面都烤過的麵包如果確實烤好，中間會形成空洞。以剪刀剪開一部分邊緣之後，盛裝到盤上。

由於帶骨羊腿肉分量十足，因此要整體都用劍山形狀的針刺過，先做過這樣的處理，味道才能徹底滲入肉當中。

和羊肉一起使用蒸烤爐加熱的A的酒和調味料、辛香料蔬菜，為了要使其能夠確實散發出香氣及風味，要以手用力搓揉之後再和羊肉一起裝進耐熱的塑膠袋中。

塗上麵糊以前先灑上一些太白粉，麵糊會比較容易沾附。

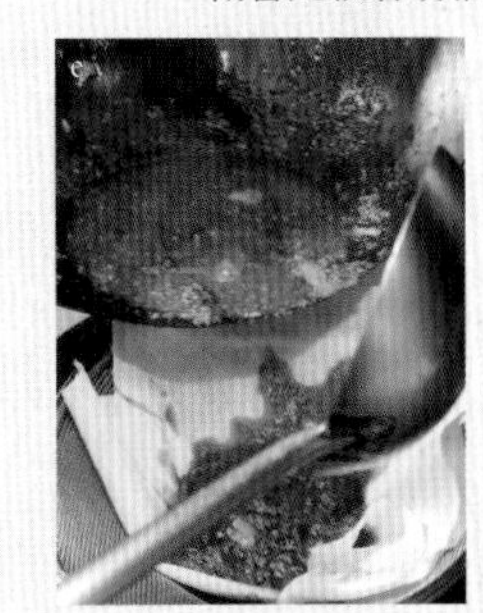

濃縮了美味的蒸湯要繼續煮得更濃稠，做成醬料的材料。煮到剩下大約一半之後，就用鋪了廚房紙巾的濾網來過濾。

塗在羊肉上的麵糊當中有糯米粉，因此用烤箱烤過以後，就會成為像是燒烤的皮那樣，具有香脆的口感。

豆酥鴿子

香炸乳鴿　大豆醬料

材料 4 人份
窒息乳鴿＊…2 隻（1 隻 400 ～ 500g）

◆醬料
地瓜豆豉＊…30g
雞油…30g
泡椒（剁碎）…8g
生薑、大蒜（各自剁碎）…各 2g
填充物蒸湯…全量
砂糖…5g
老酒…5ml
細蔥（切小段）…10g
黑醋（老陳醋）…3g

◆填充物（相對於肉的重量）
A
榨菜…3%
長蔥…5%
生薑…2%
大蒜…2%
火蔥…5%
香菜莖…4%
燒雞鹽（P.180）…2%
老酒…2%
白酒…1%
B
八角、桂皮、丁香、茴香、花椒、陳皮…各少許

＊窒息乳鴿
法國產種鴿所交配的茨城縣產窒息乳鴿。使用的是出生後一個月左右的乳鴿。窒息鴿是指在頭部後方以針刺入，不放血而殺死鳥類的方法。肉整體當中會保留血液，濃郁度及鴿子本身的風味較高。

＊地瓜豆豉
被稱為「紅苕豆豉」，是將蒸好的地瓜與大豆一起發酵製成。

烹調方式

1. 使用剪刀將鴿子由肛門處稍微剪開，把手指伸進去掏出內臟（a）。
2. 內臟將肝、心、胗拿出來清洗。胗以廚房剪刀剪成一半大小，把裡面清洗乾淨，並且把硬皮剝掉。
3. 準備「填充物」。將 A 的材料各自大致切一下放入大碗中，添加燒雞鹽、老酒、白酒後以手用力搓揉（b），將 B 的材料也加進去攪拌均勻。
4. 將步驟 3 的材料半量塞進 1 的鴿子裡，放回步驟 2 的內臟（c）。然後把剩下的填充物塞進去。
5. 將步驟 4 的填充口朝下放進大碗裡，包上保鮮膜放進冰箱靜置冷藏一晚。
6. 將步驟 5 的鴿子放進蒸烤爐中（85℃、50 分鐘）加熱（d）。
7. 將步驟 6 的鴿子取出，拿出填充物。塞在裡面的內臟也取出，放在一旁。
8. 將步驟 7 的鴿子以掛勾吊掛在通風處，風乾 2 小時以上（e）。
9. 製作「醬料」。將地瓜豆豉＊清洗後擦乾，然後剁碎。
10. 將步驟 7 的填充物加上鮮湯（不在食譜分量內）放入鍋中開火。沸騰以後就以濾網過濾（f）。
11. 將鍋子洗乾淨，放入雞油與步驟 9 的地瓜豆豉＊，炒到變成酥脆（g）。
12. 將泡椒（紅辣椒醃漬物）、大蒜、生薑加進步驟 11 的鍋中，並將步驟 10 的湯頭也加進去。再加上砂糖、老酒調味，添加細蔥。最後加上黑醋（h）就完成了。
13. 「炸鴿子」。將步驟 8 中風乾的鴿子以吊掛著的狀態淋上炸油（i）。等到表面整體都變得酥脆以後就拿起來（i），靜置 10 分鐘左右（j）再繼續淋油。重覆三次以後就能夠非常香脆。步驟 7 的內臟也炸起來（k）。
14. 將步驟 13 的鴿子切好（l、m）擺盤，搭配步驟 12 的醬料及步驟 13 的內臟，再放上一些香菜。

進行鴿子的前置準備。以剪刀從鴿子的肛門稍微剪開，由該處將手指伸到裡面去，把內臟掏出來。

要塞在鴿子裡的填充物中A的辛香料蔬菜，添加白酒、老酒及鹽用力揉捏，讓香氣能夠散出來。

內臟類夾在填充物的中間，讓它們能夠沾附辛香料的香氣。

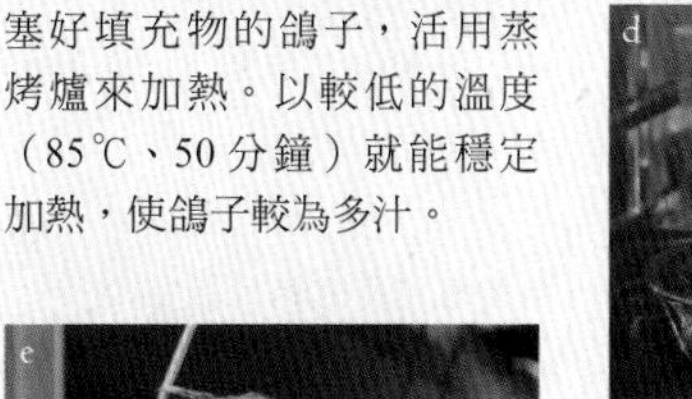

塞好填充物的鴿子，活用蒸烤爐來加熱。以較低的溫度（85℃、50分鐘）就能穩定加熱，使鴿子較為多汁。

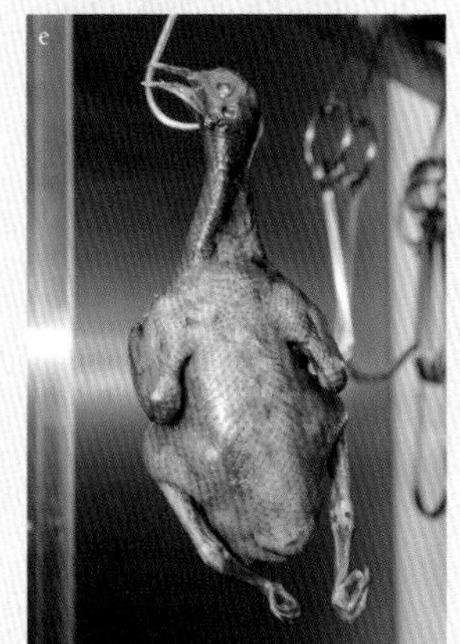

炸之前先風乾，去除多餘的水分，這樣炸的時候皮會比較緊繃、炸得比較漂亮，也會有光澤而外觀美麗。

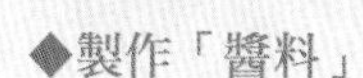

◆製作「醬料」

將充滿了肉汁及辛香料蔬菜、香料等氣味的填充物添加鮮湯過濾，做出濃縮了鴿血的風味及美味的醬料底。

將剁碎的紅苕豆豉（地瓜豆豉）＊以雞油爆香、炒到酥脆。這樣有香氣、口感也好，能夠成為醬料重心。

醬料的魅力就在於有著泡椒及辛香料蔬菜的風味、還有填充物中蒸湯的美味融為一體，有著複雜深奧的口味。最後添加一點老陳醋，整合醬料的味道。

◆「炸鴿子」

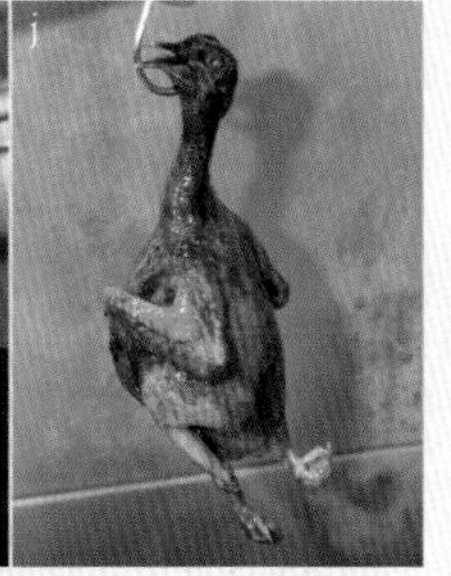

炸鴿子的時候，以炸油淋在鴿子上，讓表皮變得香脆，然後就吊掛在一旁冷卻。重複相同的步驟三次以後，就能讓鴿子皮顏色美麗且香脆。重點在於炸油的溫度一開始稍微低一些，最後再提高，以短時間做收尾。

淋上第三次的油，炸到香酥的鴿子。內臟類也要過油炸。

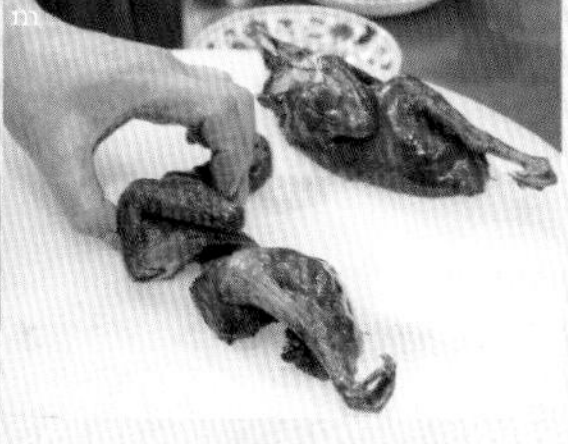

炸得香酥的鴿子由屁股往頭部下刀，切成兩半，然後再從腿的根部切成兩半。以一人份大約是半隻的方式擺盤。

料理見 P.170

牛肉焦餅

四川式牛腰肉派

材料 4 人份
和牛腰肉…200g
太白粉…50g
香菜（剁碎）…16g
青蔥（切小段）…16g
◆調味醬汁
　牛油…12g
　菜籽油…6g
　豆瓣醬…12g
　醪糟…20g
A
　生薑（剁碎）…6g
　豆豉（剁碎、泥狀）…4g
　紅南乳…4g
　鹽…2g
　醬油…4g
　白酒…3g
　十三香、黑胡椒、花椒粉、刀工辣椒（P.203）…各少許

◆麵皮
B
　低筋麵粉…45g
　高筋麵粉…25g
　水…42ml
　鹽…少許
油…適量
醬料＊…適量
醃薤（切細絲）…適量

＊醬料
是類似正統地四川「可食用辣油」的東西。以紅辣椒（子彈豉／P.202）30g 斜切一半，將種子取出（戴上手套，在炸網上做會比較有效率）。在鍋中放入適量油、去掉種子的辣椒、及 1g 花椒。以小火炒到變成紅黑色以後，再放入石缽中磨碎（又或者以菜刀剁碎），將加熱到 200℃的菜籽油 50ml 淋上去。最後添加黑醋（容易製作的分量）。

烹調方式

1. 將牛腰肉切成 1.5cm 厚，一片大約 50g（a），表面灑上一點太白粉。
2. 將牛油、菜籽油放入鍋中開小火，將豆瓣醬、醪糟放進去翻炒，帶出香氣以後就放進大碗當中，隔著碗放進冰水中冰鎮（b），將 A 加進去攪拌均勻。
3. 將步驟 1 的牛腰肉放進步驟 2 的醬汁當中，要整片肉都沾附醬汁（c）。
4. 製作「麵團」。將 B 材料放入大碗中，揉麵直到麵團變得光滑，搓圓之後靜置 15 分鐘左右。
5. 將步驟 4 的麵團搓成棒狀後切成 4 等分，浸泡在沙拉油當中約 20 分鐘左右（d）。
6. 將油塗在檯面上，把步驟 5 的麵團取出，推成四方形（e）。按著麵皮的右側，以左手平拉著左側，緩慢地拉長（f）麵皮（長度約 30cm）。
7. 以「麵皮」包裹牛肉。將步驟 3 的牛肉灑上香菜與青蔥，放在步驟 6 的麵皮上（g）。
8. 將麵皮邊緣放在牛肉上，把麵皮捲起來（h、i、j），調整形狀（k）。
9. 將步驟 8 整個放在鍋子裡，倒入冷油然後開火（l）煎炸。等到底面變硬以後，就用炸網撈起來。
10. 換個鍋子將步驟 9 的材料翻過來放，一樣放入冷油然後開火（m）。煎到底面香酥以後用炸網撈起來。
11. 將步驟 10 的「牛肉焦餅」放在盤上，包好鋁箔紙（n）靜置約 20 分鐘，以餘溫來加熱牛肉。
12. 拿下步驟 11 的鋁箔紙，放入鍋中，淋入少許油。一邊轉動鍋子然後開火，慢慢加油進去，加到大約是材料會稍微露一些表面在外的程度來煎（o）。
13. 將步驟 12 切成一半擺盤，同時附上醬料＊及醃薤。

在四川當地大家非常熟悉的牛肉焦餅，一般都是使用牛絞肉，比較傾向於做成輕食，但在『飄香』是使用會做為牛排的高級部位，和牛的牛腰肉，來提升菜色的等級，以作為主菜提供給客人。

調味醬汁要沾附在牛肉上，為了不使牛肉遭到不需要的加熱，因此要冷卻後再行使用。調味醬汁中搭配了多種香料，具有四川料理風格的多層口味，能夠提高牛肉的格調。

◆製作「麵皮」

為了不讓麵皮接觸到空氣，要完全泡在油裡。讓麵團完全浸泡在油當中，延展的時候比較容易。

將檯面和手都沾上油，把麵團放在檯面的邊邊，利用檯面的邊角使用擀麵棍將麵團推成四方形（大約是12cm方形）。然後靜置4～5分鐘以後再拉，會變得更加輕鬆。

◆以「麵皮」包裹牛肉

將布滿調味醬汁的牛肉灑上剁碎的蔥與香菜，放在麵皮上。

如同照片所示，將麵團的邊緣及上下都向內摺。接下來往左邊滾，配合牛肉的輪廓來把麵皮包裹上去。最後以捏飯團的方式將兩手壓緊，使麵皮緊貼牛肉並調整形狀。

煎炸的時候要先倒（不熱的）油下去再開火，要一邊轉動鍋子，讓牛肉不會直接被大火加熱。這是為了要能夠發揮高級肉類本身的美味，重點便是不能使肉過熟。

煎好單面以後就取出來，換個鍋子之後再次倒入（不熱的）油，一樣煎炸另一面。

將皮的兩面都煎成香脆樣子以後就放到盤子上，包上鋁箔紙以餘溫來使肉熟到中心。

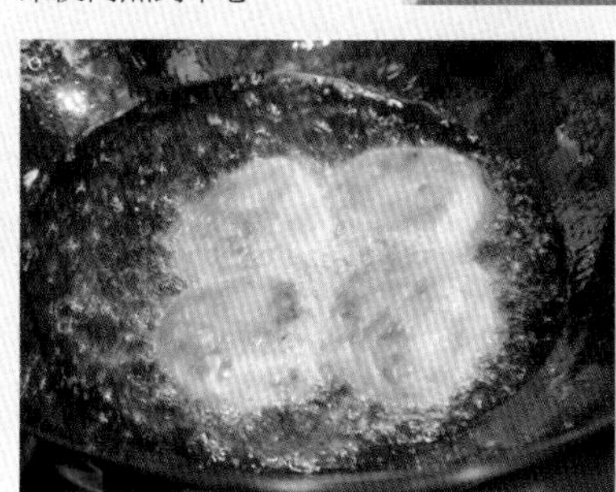

以餘溫加熱後已熟的「牛肉焦餅」，最後放入稍微高溫的油當中讓表面能更加酥脆。

薑鴨苦蕎麥麵

蜀南式生薑烹鴨　韃靼麵

材料 3 ～ 4 人份
鴨肉（切塊）…700g
醬油…少許
筍乾＊…60g

A
❶八角、❷桂皮、❸砂仁、❹辣椒、❺小茴香、❻陳皮、❼香果、❽山柰、❾良薑、❿排草、⓫香葉、⓬丁香、⓭花椒、⓮草果、⓯白蔻、⓰靈草
…各少許

B
泡椒（切小段）…30g
蘿蔔泡菜（切棍狀）…40g
生薑泡菜（切薄片）…20g
生薑（切薄片）…50g
長蔥（綠色部分）…1 支量
大蒜（分小塊）…2 顆量

C
豆瓣醬、醪糟…各 60g
老酒…100ml
白酒、醬油…各 20ml
鹽…適量
冰糖…20g
鮮湯（雞湯／ P.198）…2L
焦糖（P.200）…30g

◆麵條容易製作的分量
韃靼蕎麥粉…150g
小麥粉…100g
太白粉…20g
蛋…100g
水…45ml
鹼水…8g

蒜葉（斜切）…40g
芹菜（剁碎）…20g

＊筍乾
將筍子煮過以後在太陽下曬乾的長期保存用食品。以水泡成喜歡的硬度，汆燙後使用。

烹調方式

1. 準備好已經泡在水中兩～三天，泡發的筍乾（a）。沿著纖維方向切成長條（b），以熱水汆燙過後擦乾。
2. 將 A 的香料中帶殼的全部都以刀腹拍開之後浸泡在水中（c）。
3. 將醬油灑在鴨肉上做基礎調味（d），以大火快炒（e）。
4. 在鍋中放入較多的油，仔細翻炒過 B 的生薑薄片以後，依序加入生薑泡菜→辣椒泡菜→大蒜→長蔥的綠色部分拌炒（f）。
5. 將步驟 2 的香料撈起瀝乾，加進步驟 4 的鍋中拌炒。
6. 將 C 的材料加到步驟 5 的鍋中，煮開以後就放入步驟 1 的筍乾、步驟 3 的鴨肉，一邊撈起雜質，一邊以小火燉煮約 1 小時（g）。
7. 製作「麵」。在大碗中放入已過濾的蛋液、水、鹼水並攪拌均勻。
8. 將韃靼蕎麥粉、小麥粉、太白粉過篩後放入較大的碗中（h）。
9. 將步驟 7 的液體大約一半加入步驟 8 的碗中，以手揉麵。水分與麵團融合以後，就把剩下的分數次加入揉麵（i），最後將整個麵團（j）揉成棒狀。
10. 將步驟 9 的麵團放進製麵器中（k、l），壓進大量煮開的熱水當中，直接煮成麵條（m）。煮大約 1 分半鐘左右就用濾網撈起，快速放進冷水當中冰鎮（n）。
11. 從步驟 6 煮好的鍋中將青蔥撈起然後開火，把蒜葉和芹菜加進去。確認味道以後再將黑醋淋進去（o）。
12. 將步驟 10 的麵盛裝進碗中（p），將步驟 11 的湯頭連同配料一起淋上去。

材料 A 請參考 P.204 ～ 205

◆製作麵條

先將篩網放在大碗上，再將所有粉類都倒到篩子上過篩到大碗裡，效率會比較好。

為了讓蛋液能夠與麵團均勻，所以要分幾次加入，以手仔細揉麵。

將麵團整理成棒狀，放進押出式的製麵器。先煮滾大量的水，一邊壓就將麵條直接壓進滾水裡煮。我自己製作的麵條有著非常具彈性的口感，也很能沾附湯汁。

在中國經常都會把煮好的麵直接放進湯中，不過日本人比較喜歡有彈性的口感，所以還是先放進冷水中冰鎮。

湯頭最後加上一點黑醋，打造出溫和卻又濃醇感的口味。

為了讓麵條方向一致，要用長筷夾起麵條彎折放入碗中，然後再倒入配料及湯頭。這樣外觀會看起來比較美麗，也比較方便食用。

筍乾能夠享用到與新鮮筍子完全不同的口感和口味。泡發的時間要視筍子的狀況來進行調整。沿著纖維方向切成薄片之後，汆燙去腥。

視需求將帶殼香料以菜刀刀腹敲打使其裂開。草果在殼破了以後，因為裡面的種子會苦，所以要取出。香料類都放進大碗當中先泡著水。

鴨肉是越煮越能顯出其美味的肉類，因此使用帶骨的肉塊。灑上醬油以後用大火翻炒，能有較佳的香氣，表面也會變硬。

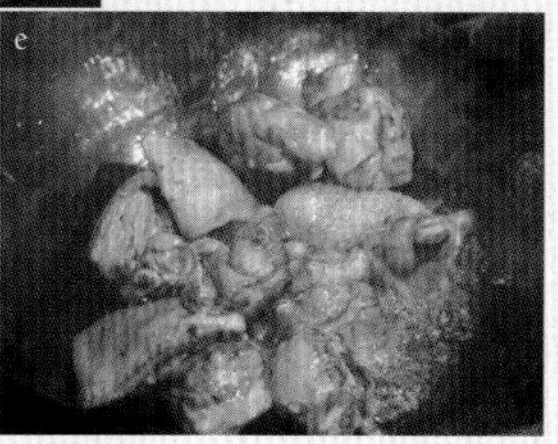

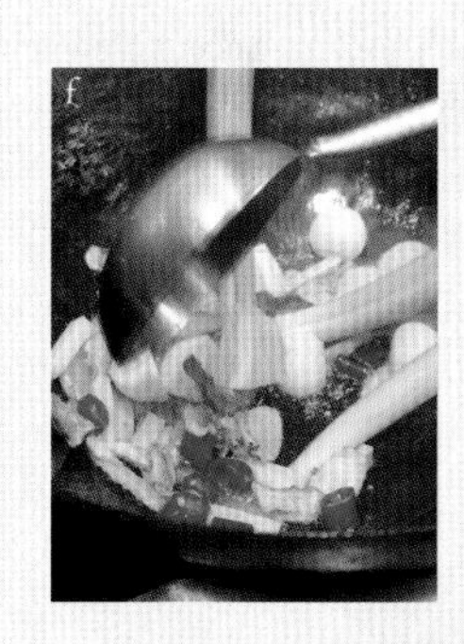

將辛香料蔬菜、泡菜（中國風醃漬物）以油拌炒爆香，使風味轉移到油當中。

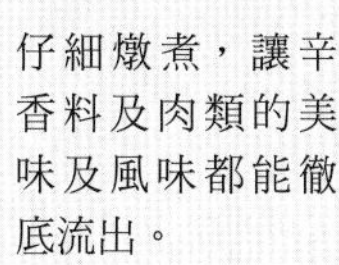

仔細燉煮，讓辛香料及肉類的美味及風味都能徹底流出。

宋嫂魚麵

四川式魚肉羹麵

材料 2 人份
中華麵條（生）…2 球
白肉魚＊…1 條
筍乾（已泡發）…30g
乾香菇（已泡發）…30g
◆魚湯
白肉魚的魚雜…1 條魚量
A
鹽、胡椒…各少許
老酒…5ml
蛋白…5ml
B
蔥油…30ml
鮮湯（雞湯／ P.198）…400ml
白湯（P.199）…200ml
長蔥、生薑…各適量
C
豆瓣醬…20ml
蝦乾（泡發）…12g
芽菜＊（剁碎）…20g
生薑（切細絲）…20g
長蔥（剁碎）…40g
D
鹽…2 撮
焦糖（P.200）…5ml
醬油、老酒…各 10ml
胡椒…適量
太白粉溶液…約 20ml
花椒粉…少許
辣油…適量
黑醋（老陳醋）…15ml
香菜…適量

＊芽菜
四川家庭中常吃的一種醃漬物。具有爽脆的口感及特殊的香氣。除了可以直接食用以外，也能用來為料理增添鹹味、風味及美味。

＊白肉魚
可以使用自己喜歡的白肉魚。此處我用的是白線光顎鱸。

烹調方式

1. 片魚。將白肉魚（白線光顎鱸）去鱗片及內臟，片成上半、魚骨、下半共三片（a）。
2. 將步驟 1 中的魚頭對半直切，將魚骨片剁成大塊（b）。魚骨及魚頭等魚雜要用在湯頭上，因此先放在一旁（c）。
3. 將步驟 1 片好的魚肉切塊（d），添加 A 先調好味道放在一旁（e、f）。
4. 製作「魚湯」。將步驟 2 的魚雜快速用熱水汆燙一下（g），以流動水洗淨髒污等再瀝乾。
5. 在鍋中加熱蔥油，翻炒爆香生薑、長蔥綠色部分，將雞湯、白湯、步驟 4 的魚雜也放入（h）開大火。沸騰以後就撈起雜質，蓋上鍋蓋（i），熬煮約 3 分鐘。過濾取出白濁且濃厚的湯頭（j）。
6. 將步驟 3 中已經調好味的魚塊以熱水快速汆燙一下（k），放入冷水中冰鎮然後擦乾。
7. 筍乾切成薄片稍微過油。乾香菇切成容易食用的大小。
8. 在鍋中養一下油，將 C 依序加入翻炒。將步驟 5 過濾完的湯頭放進去，加入步驟 7 的筍乾和香菇，加入 D 調味。
9. 將胡椒大量灑入步驟 8 的鍋中，以太白粉溶液勾芡。
10. 將步驟 6 的魚塊放進步驟 9 的鍋中（l），添加花椒粉、辣油、黑醋。
11. 將煮好的中華麵條放入容器中，把步驟 10 的湯頭及材料都倒進去（m），灑上香菜。

◆熬煮「魚湯」

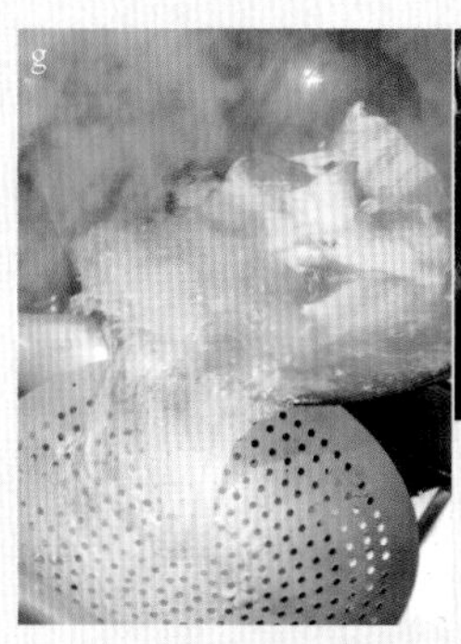

由於魚雜部分有些腥臭，因此先汆燙過去腥再熬煮，這樣就能做出濃縮鮮味的湯頭。

蓋上鍋蓋以大火煮滾，這樣油脂與蛋白質就會乳化，成為濃稠白濁的湯頭。

將調好味的魚肉片快速汆燙一下，使魚肉表面變硬，才會有滑溜的口感。

魚肉片加熱過度會變得太硬，因此最後再加進去。

結合了辛辣、魚的鮮味、醃漬物風味等，具有複雜口味的四川風格濃厚湯頭搭配麵條食用。

◆片魚

將魚頭擺在左邊，依照胸鰭根部→背部→魚尾根部→魚肚的順序以刀子剖開，把上半的魚肉取下。下半的魚肉也用一樣的方法片下。

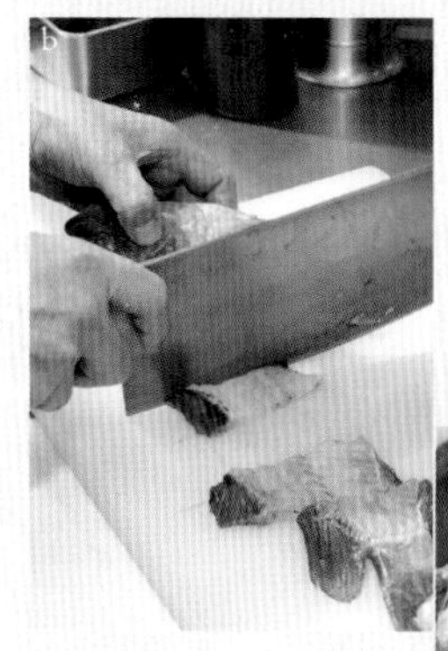

魚頭及魚骨等魚雜部分特別具有豐富的鮮味。拿來熬煮可以做出非常棒的湯頭。所有部分都要拿來使用，不要浪費。

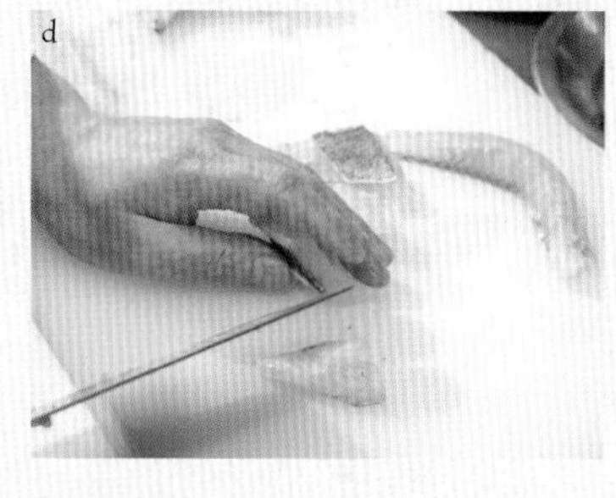

片好的魚肉薄切掉魚骨的部分，並且以鑷子將魚刺都挑出以後，切成容易食用的大小。

調味先以鹽、老酒、胡椒搓揉過後，添加蛋白進去，最後再用太白粉抹一下表面。蛋白如果先稍微打一下去筋，會比較好沾附。

料理見 P.176

濾州白糕

蒸米麵包　發酵香氣

材料 樹葉形狀模型・約 16 個量

A

- 米粉（甜點用）…120g
- 老酵漿（發酵液）＊…40g
- 水…100ml

發粉…8g

細砂糖…45g

桂花醬…3g

玫瑰醬＊…3g

豬油…15g

＊老酵漿（發酵液）

使用米 500g 與水 500ml 以攪拌器打到成為泥狀，添加 250g 醪糟進去攪拌。放在溫暖的場所使其發酵三～四天。發酵完畢之後就放進冰箱冷藏，使其不要繼續發酵（容易製作的分量）

＊玫瑰醬

玫瑰花的果醬，使用玫瑰（乾燥玫瑰）5g、玫瑰水 10ml、水飴 50g 仔細攪拌均勻製成。

烹調方式

1　將 A 的材料全部放進大碗當中，攪拌均勻。將這些材料靜置一晚，放在溫暖的場所（a）。

2　將發粉、細砂糖、豬油加進步驟 1 的大碗中，以打蛋器攪拌均勻（b）。

3　將步驟 2 的材料分成兩半，一半添加桂花醬；另一半則添加玫瑰醬＊，都攪拌均勻。

4　將步驟 3 的麵團放進葉片形狀的模具當中約八分滿左右。添加了玫瑰醬＊的麵團上面用玫瑰醬＊作為裝飾，放進充滿蒸氣的蒸籠當中蒸大約 10 分鐘。

a

放一整晚的麵團，若有確實發酵，可以看到有小氣泡。如果能使用甜點用的細緻米粉，做出來的口感也會比較輕盈。

b

麵團完成的感覺，大約是以打蛋器拉起來的時候，會非常順的往下滴落。若是麵團太硬，就添加少量的水進行調整。

料理見 P.178

四川泡菜

四川式酸黃瓜　天然乳酸發酵

材料 容易製作的分量
喜愛的蔬菜＊…適量
煮滾後放涼的水…2L
鹽（泡菜鹽）＊…60g
黑砂糖…20g
醪糟水…30g
白酒…30g
香料包＊…適量
生薑、大蒜…各適量

＊喜愛的蔬菜
此處使用的是榨菜、紅蘿蔔、白蘿蔔、紅色辣椒、黃色辣椒、菜豆、嫩薑、芥菜。

＊鹽（泡菜鹽）
這是四川省賣的泡菜（醃漬物）專用鹽，鹼性較強。用這種鹽來醃漬的話，口感會比較爽脆。

＊香料包
使用多種辛香料混合而成。此處使用的是月桂、排草、茴香、草果、陳皮、八角、桂皮、山柰、辣椒、花椒混合的香料包。

烹調方式

1　將蔬菜以外的醃漬汁材料一起放進大碗中攪勻。
2　將步驟 1 的醃漬汁與蔬菜一起放入乾淨的保存用瓶當中（不要塞太緊），蓋上蓋子。直接放在常溫下陰暗處大約一星期左右，使其發酵（若是氣溫太高則發酵會過於強烈，請視情況放入冰箱中）。
3　隨喜愛的醃漬程度取出，直接食用或者使用於料理當中。

※ 醃漬汁若使用得比較多次了，就添加鹽水（3%）。醃漬的蔬菜若是有切開的話，就把鹽水濃度降到 1.5% 左右，就不會過鹹。

照片是「泡菜罈子」，是四川省傳統的醃漬品用壺。蓋子周圍有溝槽可以倒水下去，使蟲類和細菌不會跑進去。這是充滿古人智慧的壺。

料理見 P.179

[關於湯頭]

高湯

使用鮮湯作為基底的奢侈湯頭，使用頻率也是最高的。魚翅等高級料理也會使用。

材料 容易製作的分量
鮮湯（雞湯）…3L
豬腱肉…300g
鴨肉…300g
乾燥干貝…40g
火腿（金華火腿）…80g

烹調方式

1 將鮮湯（雞湯）放入桶鍋當中，把剩下的材料都加進去之後開火。
2 煮滾以後就將火轉小，以小火熬煮約 2 小時。
3 使用的時候將湯過濾了再使用。

鮮湯

也就是雞湯。是從老雞熬煮出來最一般的高湯。能夠使用在各種料理當中。

材料 容易製作的分量
水…30L
老雞…10kg
長蔥、生薑…各適量

烹調方式

1 在桶鍋中灌水，依照老雞、長蔥及生薑的順序放入，把所有材料放進去以後，開小火熬煮大約 6 小時。
2 將雜質撈起丟掉，再熬煮大約 2 小時過濾。

料理基礎的湯頭會使用在各種料理當中，但也會因其用途及目的而使用不同種類的湯頭。
這兩頁介紹的是在『飄香』會使用的主要 4 種湯頭。

清湯

湯頭顏色非常澄澈，能夠充分享用鮮味的奢侈湯頭。經常使用於宴席料理當中的高級料理上。

材料 容易製作的分量
高湯（P.198）…500ml
雞絞肉、豬絞肉…各 140g
水…適量
長蔥（綠色部分）、生薑…各適量
老酒…50ml

烹調方式

1 將高湯放進較大的碗中，以適量水打散雞絞肉及豬絞肉，添加蔥、生薑及老酒進去攪拌均勻（a）。
2 在瓦斯爐上放好網子，把步驟 1 的大碗放上去之後開火（這樣才不會火侯過強），以打蛋器攪拌（b）。
3 等到表面開始冒泡泡沸騰就把火轉小。等到湯頭開始變透明，就用鋪了廚房紙巾的濾網來過濾（c、d）。輕輕壓一壓廚房紙巾（e），榨出透明湯頭（f）。

白湯

使用大火煮滾沸騰，讓脂肪乳化而呈現白濁。富含膠原蛋白，因此冷卻之後會凝固成凍膠狀。

材料 容易製作的分量
水…8L
老雞…1kg
鴨翅…10 支
豬腱肉…1kg
豬皮…500g
豬腳…3 支
豬腿骨…1kg
雞爪…500g
長蔥（綠色部分）、生薑…各適量

烹調方式

1 將材料都放進桶鍋當中，以大火煮 4 小時。這樣就會成為白濁色的濃稠湯頭。中途如果水分蒸發而減量的話，隨時都要補水進去。

[獨家滷汁・香味油]

飄香川滷水

特製滷汁

添加了大量辛香料的獨家滷汁。使用來浸泡肉類，
讓肉能夠入味。使用以後留下一半再做新的滷汁
放進去，不斷更新部分，味道會越來越深奧。

材料 容易製作的分量
鮮湯（雞湯／ P.198）…5L
焦糖（P.200）＊…200g

A
- 排骨（豬骨）…2kg
- 鴿爪…1kg
- 鴨翅…1kg
- 長蔥…200g
- 生薑（切片）…150g

B
- 鹽…200g
- 冰糖…50g
- 老酒…750ml
- 白酒…100ml

C
- 八角…20g　桂皮…15g　山柰…12g
- 小茴…12g　砂仁…20g　白蔻…10g
- 草果…10g　丁香…3g　香葉…5g
- 甘草…12g　花椒…15g　香草…3g
- 陳皮…20g　香果…15g　生薑…15g
- 乾燥紅辣椒…30g

※ 各種辛香料請參考 P.204 ～ 205

＊焦糖
冰糖 500g、水 100g、油 1 大匙、水 300ml 都放進鍋中開火。煮滾以後繼續熬煮到泡泡變小，成為濃稠的棕色（以上為容易製作的分量）。

烹調方式

1　將鮮湯、A、B、C 的材料、焦糖＊全部放進鍋中開火。沸騰以後就將火轉小。花費大約 4 小時慢慢熬煮，過濾之後使用。

四川料理特徵之一就是大量使用辛香料以及藥草，滷汁及香味油，
都是讓料理口味更加道地、或者是提高原創性質不可或缺的存在。

飄香香料油

特製香味油

將接近 30 種的香料和藥草風味及功效都轉移到油當中，獨家特製的香味油。香料類使用的是直接從四川省買來的產品。

材料 容易製作的分量

菜籽油…5L

A
- 長蔥…300g
- 大蒜…200g
- 生薑…200g
- 洋蔥…300g
- 紅蘿蔔…200g

B
- 芹菜…150g
- 香菜…100g

C
- 八角…30g　桂皮…20g　山柰…20g
- 小茴…15g　砂仁…50g　白蔻…20g
- 草果…15g　丁香…5g　甘草…15g
- 花椒…20g　青花椒…20g　香葉…7g
- 香草…5g　陳皮…30g　良薑…20g
- 香果…20g　老蔻…30g　籽草…7g
- 排草…7g　香菜籽…15g　羅漢果…2 個
- 藿香…10g　紅蔻…10g　千里香…7g
- 益智仁…10g　木香…3g　孜然…10g
- 香皮…10g　香芽草…10g　白芷…5g

※ 各辛香料請參考 P.204 ～ 205

烹調方式

1 將 A、B 的蔬菜各自切成適當大小。

2 將菜籽油放入鍋中，把 A 的蔬菜也放進去以低溫加熱，使香氣慢慢轉移到油中。等到蔬菜開始顏色變深，就把 B 的蔬菜也加進去，再加熱 30 分鐘左右（a）然後關火，把蔬菜取出。

3 將 C 的辛香料較大者先敲一敲使顆粒大小較均等。將打碎的辛香料內放入溫水當中浸泡 30 分鐘左右，以篩子撈起後（b）再使用（這是為了讓香料的味道較容易溢出，也比較不容易燒焦）。

4 將步驟 3 的辛香料加入步驟 2 的油當中（c）。開小火加熱約 1 小時，關火靜置一晚。

5 第二天再次開火加熱步驟 4 的鍋子，等到油變得比較清澈，就關火將材料撈起。

a

b

c

[關於辣椒]

子彈頭辣椒

雖然非常小顆，辣味卻很實在。特徵是有著華麗的香氣。顏色為深紅色。如果用量較多的油去翻炒，注意不要使其燒焦，就能夠有非常棒的香氣。名字的由來是外形像子彈，而且帶著宛如猛烈槍擊般的辛辣。

顏色 ★★★☆☆
香氣 ★★★★★
辣度 ★★★★☆

►使用範例

作為「天府豆花鯰魚」(P.136)的醬料材料，與青花椒一起以油爆香之後磨碎，淋上熱油使香氣及辣度更加明顯。

新一代辣椒

較新穎的品種、辣味非常強，也會使用在四川風格名產的麻辣火鍋當中。可以活用其銳利的辛辣度在各料理當中。通常會用來帶出最一開始的辛辣味。在日本以一般紅色辣椒聞名的是「鷹爪」，與此極為相似。

顏色 ★★★★☆
香氣 ★★★☆☆
辣度 ★★★★☆

►使用範例

「酒烤風味羊腿　白鍋麵盔」(P.168)的醬料當中，以飄香香料油(P.201)拌炒此種辣椒與花椒，打造出「麻辣」的口味。

滿天星辣椒

個頭雖小仍帶辣度，特徵是華麗的香氣。顏色為深紅色，稍帶圓潤的外型與「燈籠椒(朝天辣椒)」有些相似，但小了一圈。

顏色 ★★★☆☆
香氣 ★★☆☆☆
辣度 ★★★★½

►使用範例

「張飛熟成牛肉」(P.164)中使用了此種辣椒的外型擺盤，並將俐落的辛辣度及香氣轉移到油中使用。

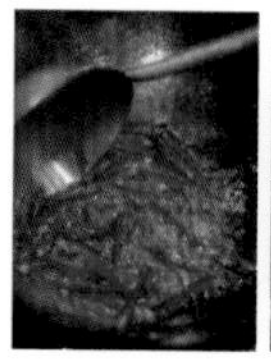

燈籠椒

四川省特產的辣椒。特徵是圓滾滾的形狀。在辣味當中帶著一點甜味。有時在日本會以「朝天辣椒」之名出現在市場上。「朝天」指的是「向著天空」的意思，這是表現出辣椒生長時的前端向上的樣子。

顏色 ★★★☆☆
香氣 ★★★★☆
辣度 ★★★☆☆

►使用範例

「百年太白醬肉」(P.128)用來作為肉的前置調味材料。活用其除了辛辣以味帶著的甜味，讓口味更加深奧。

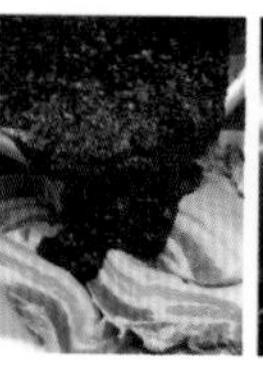

辣椒可說是四川料理中絕對不可或缺的香料之一。在『飄香』也有許多種不同的辣椒，根據不同料理及用途，以其辛辣度強弱及銳利度、顏色、香氣等不同處各自活用。

※顏色、香氣、辣度會依品種而異。

新鮮辣椒

這指的是所有生的辣椒。在店裡有各種顏色鮮豔的紅、黃、綠辣椒，會依不同用途使用。除了用來妝點料理色彩以外，也會用在「泡椒（四川風格辣椒醃漬物）」上。

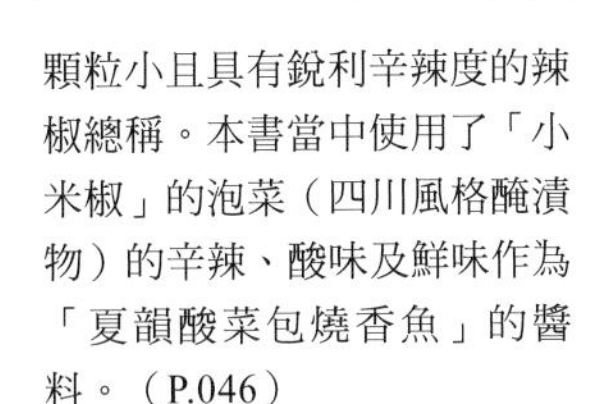

顏色 ★★★★☆
香氣 ★★☆☆☆
辣度 ★★★★☆

小米椒

顆粒小且具有銳利辛辣度的辣椒總稱。本書當中使用了「小米椒」的泡菜（四川風格醃漬物）的辛辣、酸味及鮮味作為「夏韻酸菜包燒香魚」的醬料。（P.046）

顏色 ★★★☆☆
香氣 ★★☆☆☆
辣度 ★★★★★

印度椒

意指「印度辣椒」。在四川如果提到「想要會辣的辣椒」，那多半會拿出這種辣椒。本書當中並未使用此款辣椒，但若少量與辣度較低的「二荊條」搭配，就能夠補強辛辣度。

辣椒加工後的材料

辣椒麵

單一材料的辣椒。將辣椒做成「麵」粉狀的東西。如果想直接表現出辣椒的辛辣時，會用此材料。

刀工辣椒

將辣椒與花椒以油爆香之後，用菜刀剁碎（或者用研缽磨碎）成小塊。

泡椒

辣椒的四川風格醃漬物。帶有乳酸發酵後的酸味及鮮味，包含「魚香」在內，是為四川料理帶來深奧口味不可或缺的材料。

縱椒

辣度較為收斂，香氣佳。特徵是細長扭曲的外型，也會被稱為「線椒」。會泡發來當作前菜使用，又或者是切絲用在四川料理中經常見到的「乾扁牛肉：辣椒炒牛肉」當中，為菜色增添辛辣及香氣。

顏色 ★★☆☆☆
香氣 ★★★★☆
辣度 ★★☆☆☆

▶使用範例

「百年太白醬肉」（P.128）會附上泡發的「線椒」。以水泡開後能夠帶出辣椒的酸味。

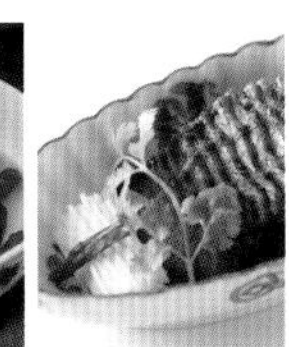

二荊條辣椒

大型且肉質較厚，是非常柔軟的辣椒。辛辣度較為收斂、香氣十足，也具有鮮味。會使用鹽水醃漬使其以乳酸發酵，做成泡椒（四川風格辣椒醃漬物），也可以用來當作自己家裡或者店面製作的豆瓣醬材料。

顏色 ★★☆☆☆
香氣 ★★★★☆
辣度 ★★☆☆☆

▶使用範例

除了用來當作豆瓣醬的材料以外，以油好好炸過也非常美味。豆瓣醬炒過以後能夠帶出辣椒的辛辣度及鮮味。

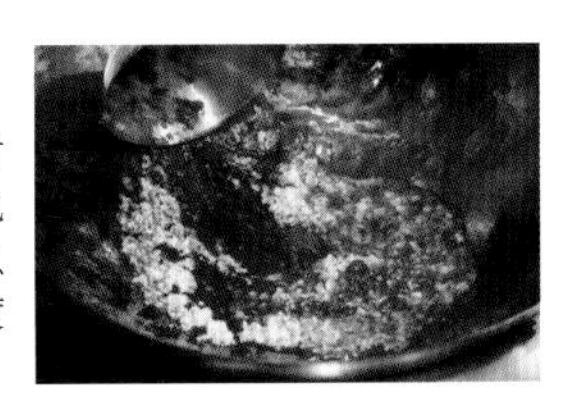

[辛香料類]

香葉

樟科植物。月桂，為月桂樹的葉片。由於香氣十分強烈，因此會用於除臭方面。具有促進消化、鎮靜消炎等效果。

香加皮

蘿摩亞科植物的樹皮。具有利尿作用、能將身體中多餘水分排出。另外也能緩和關節疼痛及風濕症狀，也具有止咳功效。

白芷

繖形科植物白芷的根部乾燥後製成。具有獨特的香氣，能夠抑止頭痛、牙痛、鼻炎、腹瀉、濕疹、疹子等疼痛；以及消炎去痰功效。

木香

多年生草本菊科植物的根部。具有溫熱腸胃的功效，除了作為芳香健胃藥品抑止嘔吐、腹瀉、腹痛以外，也能讓氣血循環順暢、調整生理期。

紅蔻

薑科植物的成熟果實乾燥製成。具有溫熱腸胃、調整胃部功能、增進食慾、促進消化等功能。

香菜籽

繖形科植物。芫荽籽。帶著些許柑橘類的香氣、也具有甜味。有健胃整腸的效果。也可解毒、促進發汗、增進食慾等。

香茅草

禾本科植物。檸檬草。帶著清爽檸檬般的香氣。除了能改善頭痛、胃痛、血液循環以外，還具有促進消化、抗菌及殺菌作用。

孜然

繖形科植物。具有異國風味的芳香且帶些微苦味，也具有辣度。經常使用來搭配羊肉等。具有解除腹部飽脹感、整腸、增進食慾等功效。

千里香

芸香科植物。又叫做「九里香」。特徵是清爽且俐落的香氣與辛辣味。可以改善血液循環，消除食慾不振、嘔吐、腹瀉、腹痛等症狀。

丁香

桃金孃科植物。將開花前的花苞乾燥製成。可以從內部溫熱身體。具有促進消化及整腸作用。據說也有抑制嘔吐感的效果。

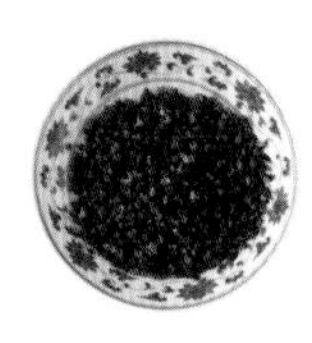

花椒

芸香科植物。中國產的山椒。特徵是紅色完全成熟的果實帶「麻」味。具有溫熱腹部、鎮痛、改善濕疹或疥癬等皮膚症狀的功效。

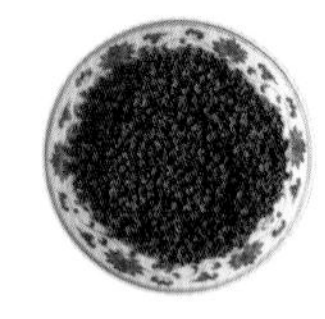

青花椒

芸香科植物。在初夏時節，果實變紅成熟以前就採收的山椒果實，乾燥後的材料。具有溫熱腹部、抑制水腫及嘔吐感的效果。

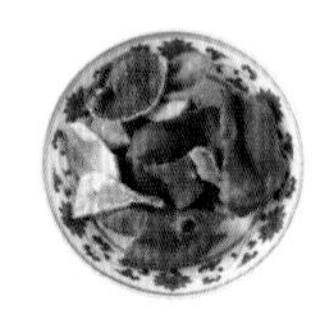

陳皮

將橘子皮乾燥製成。特徵是具有柑橘類的清爽香氣。可以使氣血循環較佳、調整腸胃狀況。也可止咳。會用來搭配七味或五香粉。

八角

木蘭科植物。將完全成熟的果實乾燥後製成。具有改善氣血循環、溫熱腹部的功效。也具有解毒效果。

桂皮

樟科植物的樹皮乾燥後製成。肉桂。具有改善血液循環溫熱身體的作用，發汗及發散作用、健胃作用等。

四川料理以巧妙使用多采多姿的辛香料聞名。
由於具有天然藥效成分，因此也有許多作為藥品用途。

甘草

豆科植物甘草的根部。具有砂糖150倍以上的甜味，除了有健胃、止咳、鎮痛效果以外，也具有緩和藥物效果的功效。

香草

敗醬科植物。將根莖乾燥製成。可作為芳香性健胃劑來緩和食慾不振及胃部不適感。由於具有甜味，因此又被稱為「甘松」。

老蔻

薑科植物種子乾燥製成。除了能改善腹痛、嘔吐、消化不良、腹部飽脹感以外，也具有健胃整腸效果。又叫草豆蔻。

小茴

繖形科植物。茴香。具有清爽的香氣，並具促進消化、健胃整腸、改善腹部飽脹感、改善畏寒等功效。

山柰

薑科植物。將番鬱金的根莖切片後乾燥製成。具有促進消化、健胃、止血劑等功效，被廣泛運用。據說也有除蟲效果。

草果

薑科植物成熟的果實。具有辛辣的香氣、以及能夠溫熱腹部的效果。也用來抑制嘔吐感、嘔吐、腹部飽脹感、腹瀉等。

排草

報春花科的草乾燥而成。特徵是具有清涼感的涼爽香氣，使用來治療頭痛、感冒、咳嗽、風濕、腹痛、月經不順等。

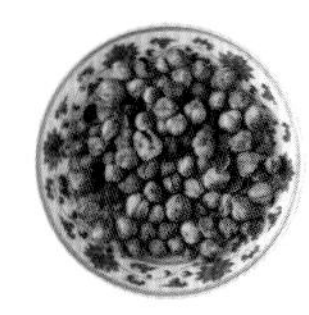

白蔻

薑科植物。又稱為白豆蔻。除了加強氣血循環、溫熱腹部以外，還能抑止嘔吐感。也具有消除食慾不振或消化不良的功效。

靈草

報春花科的草本植物葉片。又被稱為「零陵草」。具有獨特香氣，除了作為辛香料以外，也會被使用在線香上。使用於治療感冒頭痛、喉嚨痛或胸腹緊繃。

砂仁

薑科植物成熟果實乾燥製成。又叫做「縮砂」。具有獨特的芳香及辛辣味，對於改善消化不良、食慾不振等有效。

益知仁

薑科植物。具有香料的特殊香氣。能夠讓腸胃有活力且由內部溫熱身體。預防頻尿及漏尿，也具有抗氧化作用。

羅漢果

葫蘆科植物的果實。被稱為「不老長壽的神仙果」而受到重視。也被用來當作天然甜味劑。除了可以祛熱以外，也具有使腸胃恢復活力的效果。

香果

肉豆蔻科植物。具有特殊的香氣，能夠改善血液循環、使氣血循環較佳。據說也有止痛的效果。

藿香

唇形科植物中多年生的草本植物藿香的葉片或莖乾燥製成。除了對於暑熱有效以外，也被用來作為止腹瀉、止吐及退燒劑。

良薑

薑科植物。將根莖乾燥製成。其特有的辛辣成分具有退燒、鎮痛的效果；也被當作芳香性健胃劑使用。也能改善因畏寒造成的腹痛。

古老美好的四川香氣飄盪至千里之外

能夠享用傳統四川料理的
道地宴席料理及套餐

中國菜・老四川　**飄香**　麻布十番店

◆地址
東京都港區麻布十番 1-3-8　F plaza B1
TEL／03-6426-5664
◆營業時間
午餐　11:30～15:00（L.O. 13:30）
晚餐　18:00～23:00（L.O. 20:30）
◆公休日
星期一、第 1 及第 3 星期二

以單品菜色為主
提供不為人知的四川名菜

老四川　**飄香小院**

◆地址
東京都港區六本木 6-10-1　六本木大廈 west walk 5 樓
TEL／050-3177-4848（預約專用電話）
◆營業時間
午餐　11:00～14:30（L.O.）
晚餐　17:00～21:30（L.O.）
◆公休日
星期二

以四川傳統料理為基礎
添加嶄新精華

中國菜・老四川　**飄香**　銀座三越店

◆地址
東京都中央區銀座 4-6-16　銀座三越 12 樓
TEL／03-3561-7024
◆營業時間
午餐　11:00～15:30（L.O. 15:30）
晚餐　17:00～23:00（L.O. 21:30）
◆公休日
銀座三越休館日

作者介紹

井桁　良樹

1971 年出生於千葉縣。高中畢業後於調理師專門學校學習中華料理，於『四川料理　岷江』工作八年，歷經千葉．柏的名店『知味齋』工作以後隻身前往上海。在上海、成都大街小巷的中國料理店及飯店餐廳等數間店鋪實習，兩年後回國。之後歷經 3 年半的準備期間，於 2005 年在代代木上原開了『中國菜　老四川　飄香』。2012 年店家搬遷到麻布十番。2010 年開了銀座三越分店。2018 年又在六本木大廈內開了『飄香小院』。所謂『飄香』指的是「飄盪過往四川香氣」的意思。菜單包含傳統料理及家常料理，以在當地學習的「傳承正統四川口味」為主旨。

TITLE

老四川料理的現代新詮釋

STAFF

出版	瑞昇文化事業股份有限公司
作者	井桁良樹
譯者	黃詩婷
創辦人 / 董事長	駱東墻
CEO / 行銷	陳冠偉
總編輯	郭湘齡
責任編輯	張聿雯
文字編輯	徐承義
美術編輯	許菩真
國際版權	駱念德　張聿雯
排版	沈蔚庭
製版	印研科技有限公司
印刷	龍岡數位文化股份有限公司
法律顧問	立勤國際法律事務所　黃沛聲律師
戶名	瑞昇文化事業股份有限公司
劃撥帳號	19598343
地址	新北市中和區景平路464巷2弄1-4號
電話	(02)2945-3191
傳真	(02)2945-3190
網址	www.rising-books.com.tw
Mail	deepblue@rising-books.com.tw
本版日期	2024年1月
定價	600元

ORIGINAL JAPANESE EDITION STAFF

編集・取材	井上久尚　岡本ひとみ
デザイン	冨川幸雄（Studio Freeway）
撮影	後藤弘行（旭屋出版）

國家圖書館出版品預行編目資料

老四川料理的現代新詮釋 = Modern interpretations of Sichuan traditional cuisine / 井桁良樹作 ; 黃詩婷譯. -- 初版. -- 新北市 : 瑞昇文化, 2020.11
208面 ; 19X25.7公分
ISBN 978-986-401-448-4(平裝)
1.食譜 2.中國

427.11　　109015703